光と物理学

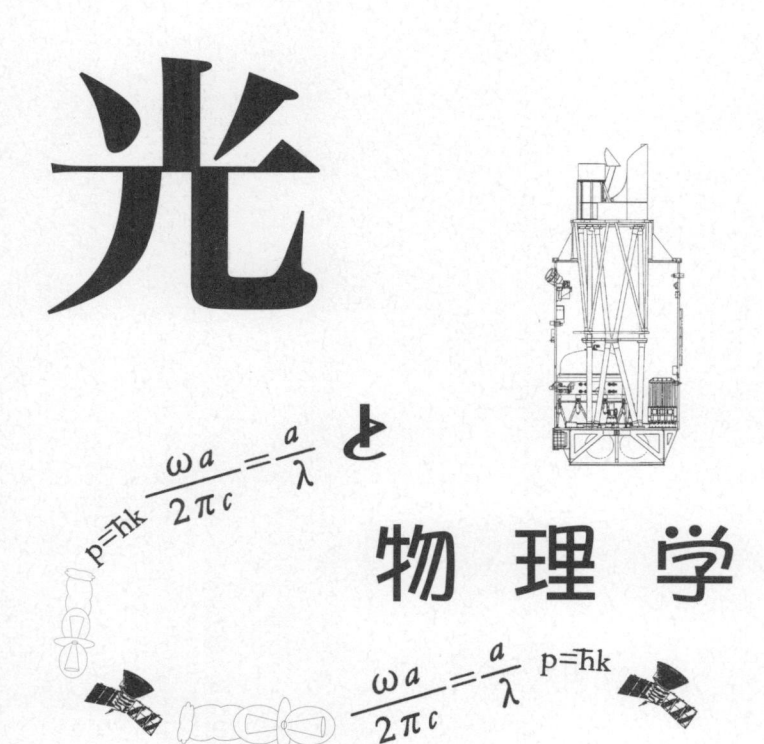

$$p=\hbar k \quad \frac{\omega a}{2\pi c}=\frac{a}{\lambda}$$

$$\frac{\omega a}{2\pi c}=\frac{a}{\lambda} \quad p=\hbar k$$

嶺重 慎・高橋義朗・田中耕一郎 [編]

京都大学学術出版会

口絵1　ほ座にある暗黒星雲の可視光と赤外線での比較．可視光では暗くても，赤外線では輝いている．アングロオーストラリア天文台，名古屋大学，国立天文台提供．

口絵2　かみのけ座銀河団の可視光による画像（左：トロント大学 O. Lopez-Cruz and I. K. Shelton, Kitt Peak National Obs. 提供）とX線による画像（右：NASA/Chandra 衛星提供）．可視光では銀河の星の光を捉えているが，X線では銀河間に大量に存在するガスが輝いているのがわかる．

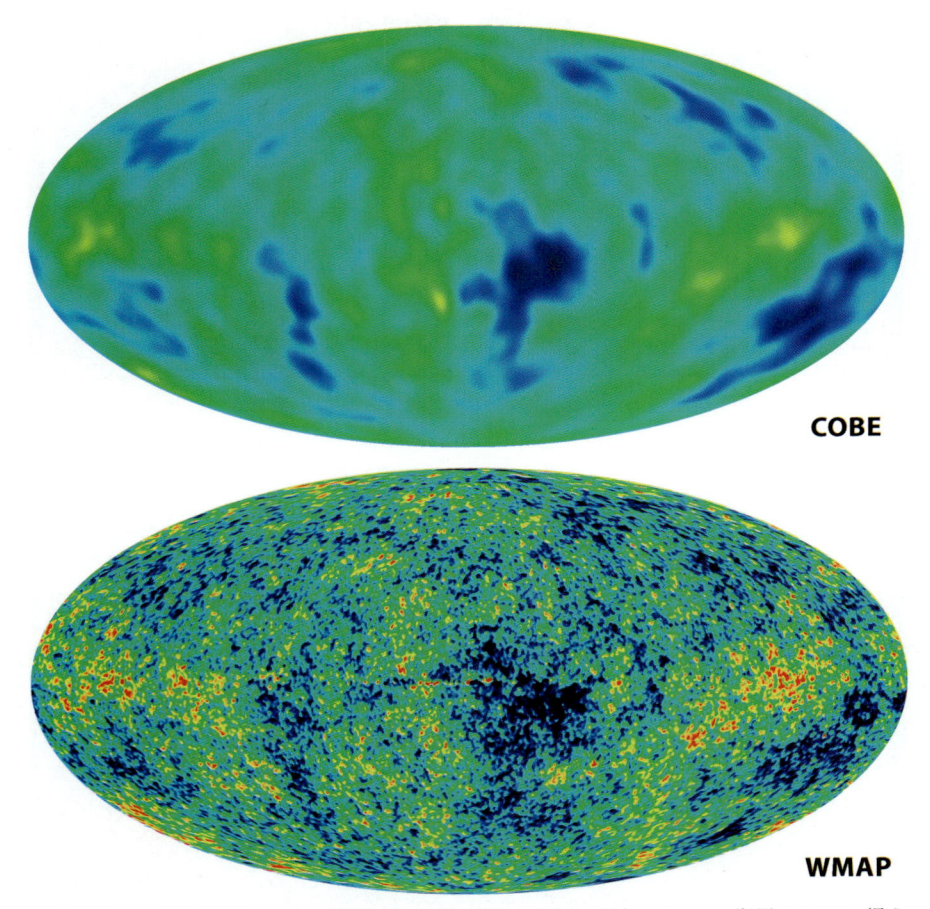

口絵 3　宇宙マイクロ波背景放射の全天温度分布．上図は最初に COBE 衛星によって得られた温度分布，下図は WMAP 衛星が得た温度分布．上図に比べて下図は角度分解能が 10 倍以上高く，40 万年の時代の音である細かい温度揺らぎの構造がよく見えている．

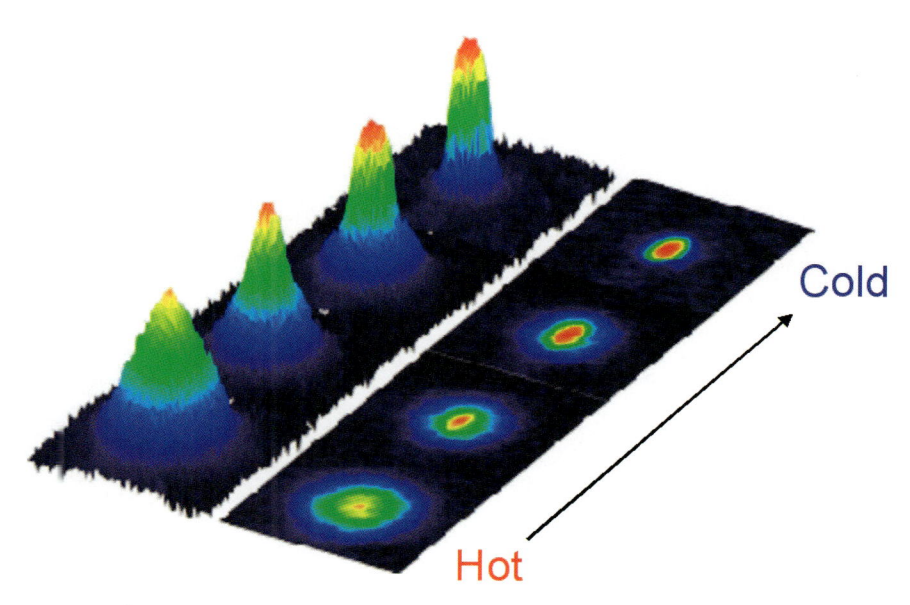

口絵4　イッテルビウム原子のボース・アインシュタイン凝縮の運動量分布.

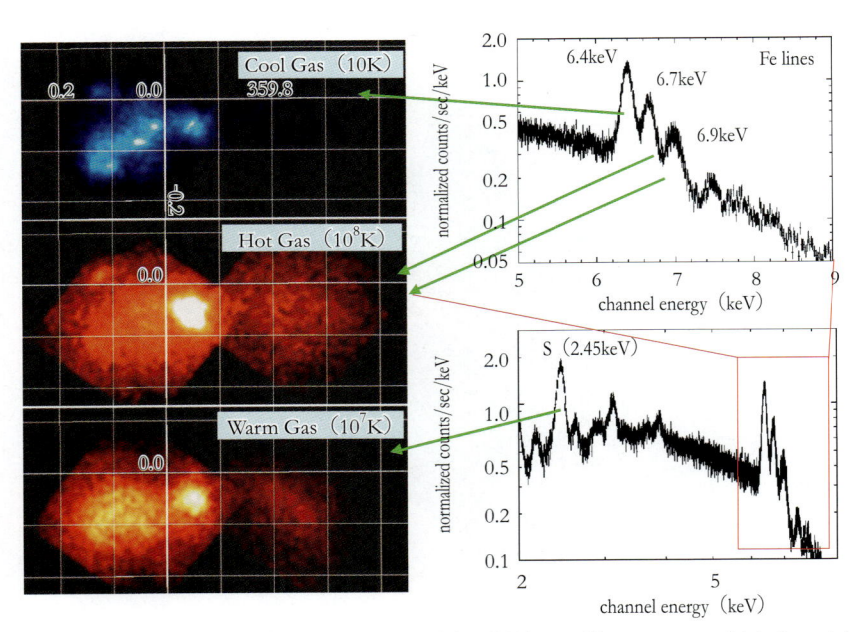

口絵5 「すざく」衛星で得た我々の銀河系中心領域のX線スペクトル（右）と，それぞれの輝線でのX線写真（左）．Koyama et al. 2006b から引用．

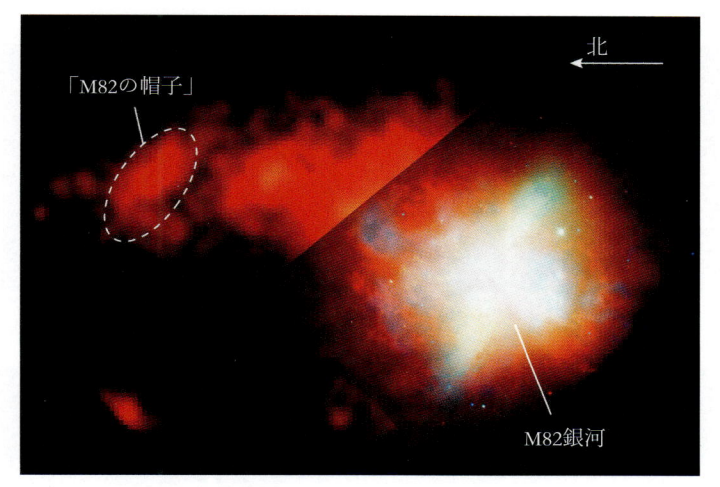

口絵6 「すざく」衛星で得たスターバースト銀河 M82 の X 線写真（99ページ図7も参照）．Tsuru et al. 2006 から引用．「すざく」衛星の裏面照射型CCDで得たX線画像．M82銀河の場所には，「チャンドラ」X線衛星，「ハッブル」宇宙望遠鏡，「スピッツァー」赤外線衛星で取得された3色写真を重ねた．X線：NASA/CXC/JHU/D.Strickland；可視光：NASA/ESA/STScI/AURA/The Hubble Heritage Team；赤外線：NASA/JPL-Caltech/Univ.ofAZ/C.Engelbracht（http://chandra.cfa.harvard.edu/photo/2006/m82/）

|1.4%|1.5%|1.6%|
|1.9%|1.8%|1.7%|

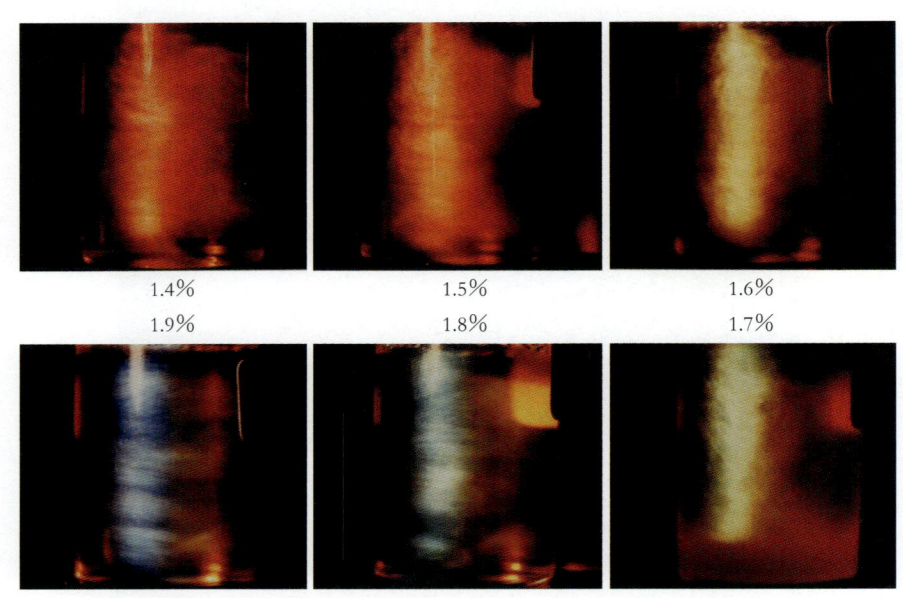

口絵 7　Pentaethylene-Glychol Dodecyl Ether（C12E5）水溶液における，超膨潤状態ラメラ相の顕微鏡写真．正面斜め前から白色光で照明するとブラッグ反射が観察できる．濃度の減少に伴って，層と層の間隔がひらき，反射波長が長波長側へシフトする．

口絵 8　等方相－等方性スメクティックブルー相（SmBPIso）－キュービックスメクティックブルー相（SmBP2）にわたる温度領域の偏光顕微鏡観察の温度依存性．右下（5時方向）の等方相から，反時計回りに温度が低下し，一様な呈色を示す SmBPIso からモザイク模様が現れる SmBP2 へ温度可逆な相転移を示す．

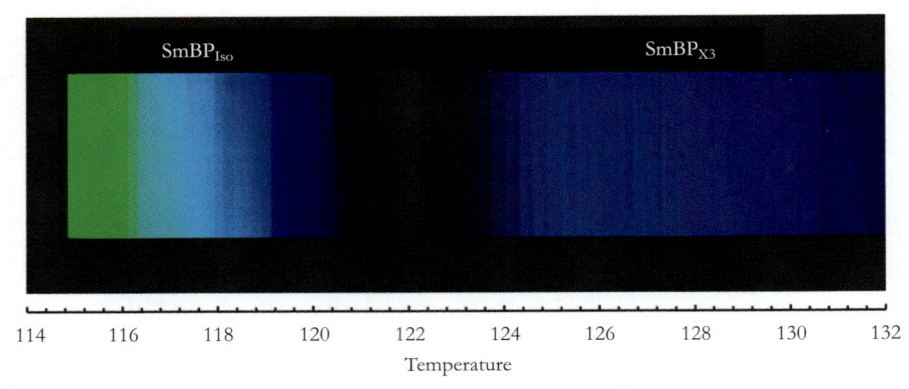

口絵 9　SmBP3 から SmBPIso にわたる温度範囲での呈色の変化．SmBPIso は，高温で紫色の短波長の紫色の光を選択反射し，温度の低下とともに波長が長波長側にシフトして，青色，空色，緑色と構造色が温度に依存して鋭く変化する．

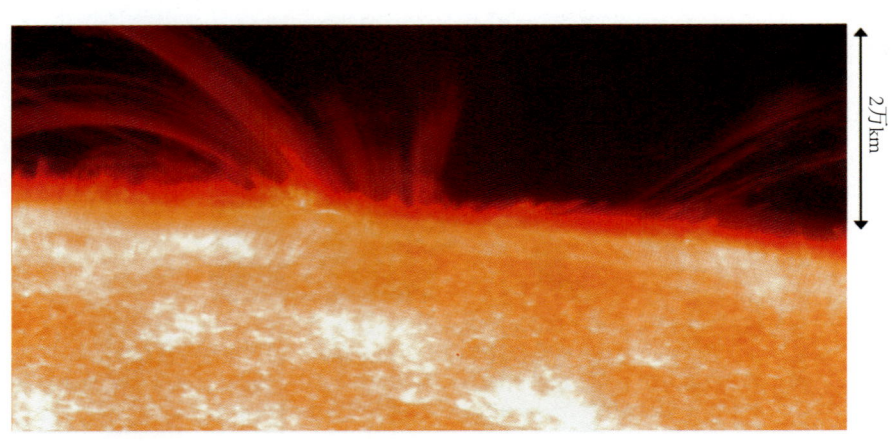

口絵 10　「ひので」衛星がとらえた，太陽表面からのダイナミックな噴出現象（カルシウム H 線で観測）．（http://solar-b.nao.ac.jp/news/061127PressConference/）

はじめに

「光」は，古典物理学ではもちろん，現代物理学の最前線においても，最重要な概念の一つとして，物理学研究において重要な位置を占めている．皆さんは，「光と物理学」という言葉から，何を連想されるだろうか．本書で取り扱うキーワードは，レーザー，ダークマター，クォーク，X線天文学，液晶，物理定数，磁気流体といったことばであり，関連する分野も，素粒子物理学，物性物理学，非平衡系物理学，宇宙物理学など，多岐に渡る．同じ「光」といっても，いかに大きな広がりや深みをもっているかを，ぜひ感じ取って欲しい．「光」は基礎科学であると共に，最先端の応用科学でもある．今後さらに応用が進み，市民生活にもさまざまな点で役立っていくであろうことを強調しておきたい．これから大学で本格的に学問を始めようという若者にとって，まさに格好なテーマといえる．

本書は，2006年2月に開かれた京都大学物理COE「物理学の普遍性と多様性の探究拠点」主催のシンポジウムにおける招待講演がもとになっている．第I部「光と基礎物理」，第II部「光と物質の相互作用」，第III部「光を使った技術革新」の三部構成で，日本を代表する研究者がその最先端を解説する．

なお本書は，大学初年度の学生にもわかりやすいように配慮したつもりではあるが，至らない点も多いかと思う．皆さんのご教示を頂ければ幸いである．専門用語については，巻末に用語解説を設けたので，随時参照して頂ければ幸いである．

目　次

はじめに　i

第 I 部
光と基礎物理

第 1 章　光の宇宙と陰の宇宙　　　　　　　　　　　　　　［杉山　直］　5
1. はじめに　5
2. 光の宇宙　7
   - 2.1　天体の光と温度　7
   - 2.2　宇宙の様々な温度領域　9
   - 2.3　宇宙全体の温度　10
3. 見えてきた陰の宇宙　13
   - 3.1　光の宇宙の最新観測　13
   - 3.2　ダークエネルギー　16
   - 3.3　ダークマター　20
4. 宇宙交響楽が解き明かす陰の宇宙　22
5. そして将来へ　25

第 2 章　レーザー光で創る量子気体　　　　　　　　　　［高橋　義朗］　27
1. はじめに　27
2. 歴史的背景　28
3. 希薄な原子の量子気体の特徴　32
4. ボース・アインシュタイン凝縮の生成　35
   - 4.1　磁気光学トラップ　36
   - 4.2　光トラップ　37
   - 4.3　蒸発冷却　37
5. イッテルビウム原子のボース・アインシュタイン凝縮生成実験　38
   - 5.1　磁気光学トラップ　39
   - 5.2　光トラップ　39
   - 5.3　蒸発冷却　40

  5.4 多様な量子縮退系 41
 6. 今後の展望 42

第3章 光子どうしの相関を操る ［竹内　繁樹］ 45
 1. はじめに 45
 2. 半透鏡の上で，光子どうしをぶつける 46
 3. 1つの光子の干渉 49
 4. 2つの光子の干渉 51
 5. 光子で光子をスイッチする 52
 6. 光子の偏光を制御するスイッチ 55
 7. 光子偏光スイッチの実現と，双子の光子を用いた検証実験 58
 8. おわりに 62

第4章 物理定数の時間変化 ［千葉　剛］ 63
 1. はじめに 63
  1.1 ディラックの大数仮説 64
  1.2 ニュートン，アインシュタイン，超ひも理論 65
  1.3 マッハの原理 66
  1.4 ヌル・テストとしての意義 67
  1.5 宇宙観測の役割 67
  1.6 何が変化するのか 68
 2. 微細構造定数 68
  2.1 オクロ（Oklo）現象 68
  2.2 吸収線 69
  2.3 宇宙論 72
  2.4 原子時計 74
 3. 重力定数 76
  3.1 惑星の運動 76
  3.2 宇宙論 77
  3.3 Gの測定の現状 78
 4. おわりに 80

第Ⅱ部
光と物質の相互作用

第5章 「すざく」衛星が拓くサイエンス　　　［鶴　　剛］ 85
1. X線天文学＝「ホット・ユニバース」 85
2. X線天文衛星「すざく」登場　86
   - 2.1 分光とは？ 87
   - 2.2 主量子数から微細構造へ 89
3. 「すざく」の開発と打ち上げ 90
   - 3.1 4つのX線観測装置 90
   - 3.2 開発，打ち上げ，そして試練 95
4. 「すざく」の拓くサイエンス 96
   - 4.1 天の川銀河の中心領域 97
   - 4.2 銀河の大爆発が作った巨大プラズマの「帽子」 98

第6章 液晶の階層構造と構造色　　　［山本　潤］ 103
1. ソフトマター 103
2. 自然の色と構造色 105
3. 秩序と対称性 108
4. 液晶秩序の欠陥が作る巨大な3次元規則 ── コレステリックブルー相（ChBP）とスメクティックブルー相（SmBP） 110
5. 等方秩序とランダムな多層共連結構造 113

第7章 太陽プラズマ現象　　　［柴田一成］ 119
1. はじめに 119
2. 太陽光 ── 黒点周期と太陽輝度変動 120
3. 太陽フレア ── あらゆる"光"が爆発的に増加 127
4. 太陽コロナの謎 ── なぜ太陽はいつもX線を放射しているのか？ 132
5. おわりに 137

第III部
光を使った技術革新

第8章 フォトニック結晶の物理　　　　　　　　　　　　［迫田　和彰］　143
1. はじめに　143
2. フォトニック結晶による電磁場制御　144
    2.1 「赤色」の無い世界　144
    2.2 局在する光　148
    2.3 隠れた光　149
    2.4 曲がる光　150
    2.5 遅い光　151
3. 光の量子性に由来する現象　152
    3.1 光子・原子束縛状態　152
    3.2 ラビ分裂による量子局在　153
    3.3 局在モードによるラビ分裂　154
4. フォトニックフラクタルの局在モード　156
    4.1 カントールバー（1次元フラクタル）　156
    4.2 メンジャースポンジ（3次元フラクタル）　158
5. まとめ　160

第9章 レーザー電子光で探るクォークの世界　　　　　　　［中野　貴志］　161
1. はじめに　161
2. 分子，原子，原子核　162
3. 原子核の大きさと安定性　163
4. クォークの閉じ込めとハドロン　164
5. レーザー電子光　167
6. LEPSでのΘ^+探索実験　169
7. 他の実験グループによる検証　172
8. 反証実験結果　173
9. LEPSでの再実験と今後の展望　173

第10章　光で操るミクロの世界
　　　── レーザーが創りだす非平衡散逸系 ──
　　　　　　　　　　　　　　　　　　　　［吉川　研一］　175
　1. 光が物体に及ぼす力　175
　2. レーザー駆動回転モーター　178
　3. レーザー駆動リニアモーター　181
　4. レーザーで物体を捉える（レーザーピンセット）　185
　5. 光が引き起こすミクロ相分離　186
　6. 定常レーザー場でのリズム運動　189
　7. 21世紀の課題　189

用語解説　193
索　　引　201

第Ⅰ部
光と基礎物理

現在，レーザー光が発明されてから半世紀近くが経っている．多くの科学者・技術者たちのたゆまぬ努力により，現在では，高性能なレーザー光を発生し制御する技術は極めて高度な段階に達し，いまや光の量子的な性質にまでその制御範囲は及んでいる．そうした高度な制御技術は，物理学の根幹に関わるような重要な問題にも適用されている．その中で，特に注目されるものを3つ挙げるとすると，1)「原子を冷す」，2)「光の量子で情報を操る」，3)「光の周波数を測る」，であろう．これらは，1997年に「レーザー冷却」について，そして2001年に「気体原子のボース・アインシュタイン凝縮」について，さらに2005年「光の量子論」および「光周波数計測法の開発」について，それぞれ，ノーベル物理学賞を授与されたことから分かるように，物理学の発展に非常にインパクトを与えてきている．これらは基礎学問として重要なだけではなく，実はすでに我々の比較的「身近な」ところで，役に立つことが期待されている，ということをご存知であろうか？

　まず，1)「原子を冷す」であるが，第2章において紹介されているとおり高温でランダムに熱運動している中性原子によく制御されたレーザー光を照射し，吸収や散乱を利用して，原子の温度を下げることができる．このレーザー冷却技術を馳使して原子の集団をさらなる超低温に冷却することにより，原子や分子の物質としての波の位相がそろって，多数の原子や分子が一つの波として表せる状態「ボース・アインシュタイン凝縮」，金属の超伝導において「電子」の振舞う現象を，超低温の「原子」が振舞う「バーディーン・クーパー・シュリーファー状態」，など超低温においてのみ達成可能な興味深い状態が次々と実現していき，今なお，発展は加速しており，この分野は固体物理学まで内包した巨大な分野になり，最も活発な研究分野の1つになっている．近い将来，新規な固体の物質設計を，まず最初に「原子」系でシミュレーションし，指針を得る，という状況が訪れるかもしれない．

　また，2)「光の量子で情報を操る」については第3章で紹介されているが，量子計算機や量子暗号などが代表的なものである．量子力学では，ある状態と別の状態の重ね合わせが許されるわけであるが，量子計算機は，この重ね合わせ状態を一つの単位（1ビット）として利用し，この多数個の量子的なビット（量子ビット）を用意して並列計算させることにより，計算速度を飛躍的に向上させよ

うというものである．また，暗号が，現代の高度情報社会における情報セキュリティーとして大変重要なものであることはいうまでもないが，量子暗号は，いかなる方法をもってしても絶対に破られない究極の暗号方式である．これらは，独立に発展してきた情報学と量子物理学との接点である．

そして，3)「光の周波数を測る」も，最近大きく発展した分野である．パルス状のレーザー光をもとにしたものが開発され，これは全装置が小型テーブル上に収まるという非常にコンパクトなものであり，いまや市販されている．このように，光周波数が容易に測定できるようになると，周波数の標準を，現在のマイクロ波領域から，光領域に移すことが現実的になってくる．こうした研究により「時計」の精度が著しく向上しようとしている．一方，このような超高安定な原子時計の研究が，第4章で紹介されているように，物理定数の普遍性の検証という，極めて基礎的な物理学の問題へ応用されている．天体計測や，原子核崩壊過程の分析からも物理定数の時間変化の検証が検討されているが，特定の原子やイオンのエネルギー準位間の共鳴周波数を極めて高い精度で1年程度の長期にわたって測定し続けることで，共鳴周波数のわずかな変化を検出しようというものであり，今後の進展に大いに期待が寄せられている．

さらに，第1章で紹介されているように，最新の光（電磁波）の観測装置により，宇宙の姿の解明が飛躍的に進んでいる．光で見ている宇宙は，たったの1％で，99％の宇宙は直接見ることのできない「陰」の世界である，という衝撃的な事実が明らかになってきた．このように，光の高度な制御性や観測装置を用いた基礎物理へのアプローチは極めて印象的であり，その重要性はますます高まるであろう．

（高橋義朗）

第1章
光の宇宙と陰の宇宙

杉山　直

1. はじめに

　都会を離れ，夜空を見上げると，そこには星々が輝いている．条件がよければ，天の川やすばるなどの星団，アンドロメダ銀河なども肉眼で見ることができるかもしれない．人類はその歴史の始まりから，このような宇宙の姿を不思議に思い，その成り立ちを神話に記述している．

　肉眼によって天体の運行を丹念に観測する仕事は，暦の作成の関係もあり，長年各地で行われてきたが，近代的な天文観測は望遠鏡の発明にその端を発するといってよいだろう．ガリレオが望遠鏡を史上初めて天体観測に使用してからすでに400年の年月が流れようとしている．望遠鏡による天体観測は，人類の宇宙観に大いなる変遷をもたらした．ガリレオ自身，望遠鏡による木星の衛星の発見や金星の満ち欠けを通じてローマカトリック教会が説く天動説ではなく，地動説を信じるに至ったのである．

　20世紀に入ると，宇宙での距離の測定法が確立した．その結果，銀河系（天の川）の大きさが求まり，またアンドロメダ星雲までの距離が銀河系の大きさよりもはるかに遠いことが明らかになった．アンドロメダ星雲など，それまで星雲として知られていたものの中には，銀河系には含まれず，銀河系と同じような巨大な星の集団であるものが多数存在していたのである．銀河である．銀河系は宇宙でただ1つの存在ではなかったのだ．

20世紀にはまた，過去も未来も不変であると漠然と信じられていた宇宙そのものも，じつは始まりがあり，現在膨張していることが明らかにされた．宇宙が膨張していることは，遠方の銀河の光が，例外なく赤くなっていることなどから証明された．すべての銀河が互いに非常に高速で離れていくという現象は，空間全体が伸びていく，つまり宇宙が膨張していると考えるしか説明がつかないからである．また，宇宙の始まりはビッグバンと呼ばれる非常に高温で高密度の状態であったことも，宇宙マイクロ波背景放射と呼ばれる電波の存在によって確実なものとなっている．宇宙はダイナミックな存在であり，時々刻々とその姿を変えていくものであったのだ．

　このように，これまで人類は光（電磁波）によって宇宙を観測することで，その姿や生い立ちなどに迫ってきたのである．21世紀を迎え，すばる望遠鏡やハッブル宇宙望遠鏡といった新しい観測装置によって，宇宙の姿の解明はますます進んできた．これまでは暗すぎたり小さすぎたりして，見ることのできなかった天体を観測できるようになってきたのである．深く，そして広く，宇宙の観測は進展を続けている．そこで見えてきたのは，重力の及ぶ範囲がたかだか1光年程度である惑星系から，何億光年にも渡る巨大な宇宙の構造である宇宙大規模構造に至る多様な階層構造であった．

　しかし，発見は光で見ることのできる構造に留まらなかった．驚くべきことに，光で見ている宇宙は，じつは全体のわずか1%でしかないということがわかってきたのである．我々の宇宙は，直接見ることのできない「陰の宇宙」が支配していたのだ．

　陰の宇宙には，宇宙全体の膨張を支配し，重力に逆らって加速させるダークエネルギーと，宇宙全体の物質を支配し，多様な構造の形成に大きな役割を果たすダークマターが存在している．

　本章では，光で見ることのできる宇宙の最新の姿と，光では直接見ることができない陰の宇宙がどうやってその姿を現してきたのか，そしてその役割とはどのようなものなのかについて解説する．

2. 光の宇宙

2.1 天体の光と温度

　光，すなわち電磁波は，長い間天文観測に関しては人類にとって唯一の観測手段であった．近年は，宇宙線やニュートリノなどによる天文学も注目されるようになってきていて，さらには重力波による天文学の可能性も期待されている．しかし，未だ，光による天文観測はその質，量とも他を寄せ付つけない．とりわけ最近では，電磁波とはいっても，伝統的な可視光だけではなく，電波，赤外線，紫外線，X線，そしてガンマ線と全波長天文学へその対象を拡げてきている．

　天体現象が光を発するのには，まず，恒星のように自分自身が輝いている場合と，惑星のように光を反射している場合がある．

　前者の場合については，天体の温度に応じた波長の光を放射する熱放射，分子や原子の出す特有の光である輝線，さらには磁場によって電子の運動が曲げられる結果として放射されるシンクロトロン放射などの非熱的放射などに分けることができる．これらの放射が，光の宇宙を彩る．

　ここでは，主に熱放射に注目する．熱放射は，温度だけでその強度と波長の関係が決まる性質を持っている．その物理的性質を初めて明らかにした人の名前にちなんで，プランク分布と呼ぶ．温度に対応した波長に強度の最大が現れ，それよりも短い波長では急激にその強度を減じ，長い波長では，比較的ゆるやかに強度を減らしていく（図1参照）．この振る舞いを M. プランクは，光には粒子としての性質があり，その一粒一粒のエネルギーが波長の逆数に比例すると考えることで説明することに成功したのである．波であればどこまでも短い波長の電磁波が存在できるはずなのだが，粒子であればその一粒が持っているエネルギーには最大値があることになる．そのために，短い波長で急激に強度を減じるとプランクは考えたのである．このプランクの考えが，ミクロの世界を支配する「量子力学」誕生の契機となった．1900年のことである．

　プランク分布では，温度が高ければ，より短い波長に強度の最大が現れる．高温だと青くなるのである．逆に低温だと赤くなる．もちろん可視光の領域を越え

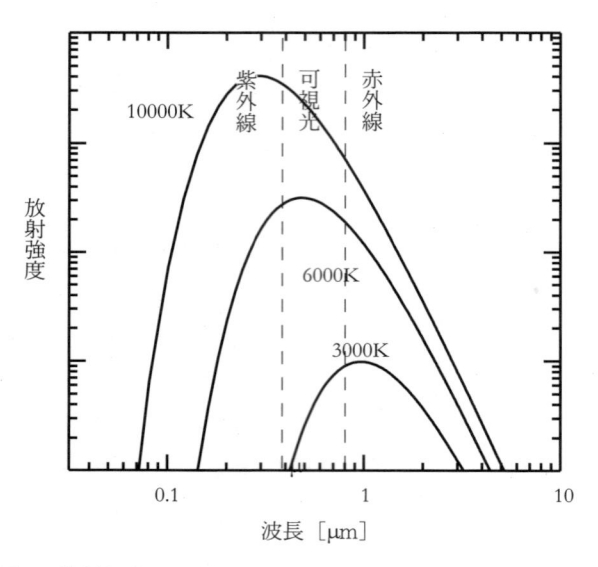

図1 絶対温度3000K，6000K，1万Kのプランク分布．可視光にのみ感度のある人間の目には，3000Kは赤く，6000Kは白色に，1万Kは青く見える．

ることもある．実際に，室温の物体からの熱放射は赤外線であり人間の目では見ることができない．理想的なプランク分布をした放射をだす物体は，外界からの光をいったんすべて吸収し，温度に応じた放射だけを出す．そのような物体は，室温ではそれゆえ黒く見えることとなる．そこで，プランク分布をした熱放射のことを黒体放射とも呼ぶ．

例えば，太陽の表面からの放射は絶対温度5800Kの黒体放射に非常に近い．これが可視光の波長域にあることは何も偶然ではない．人類は太陽が照らす惑星の上で進化したからである．プランク分布は比較的幅の広い分布であるために，人間の目には，様々な色が混じって見える．そのため，太陽の温度ではほとんど白色に感じる．実際には緑色にその強度最大が存在しているのであるが．温度が3000K以下になると目に見えるのは赤しか残らないために，赤く見える．また7000Kよりも高温では青く見えるようになる．

電磁波の波長と温度の関係について図2に示した．波長1nm以下のX線は1000万Kにも達する．X線よりも波長が長く，可視光の紫色である400nmより

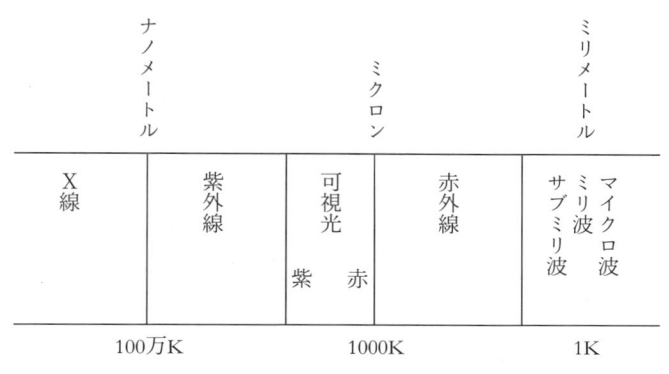

	ナノメートル		ミクロン		ミリメートル
X線	紫外線	可視光 紫　赤	赤外線	サブミリ波	ミリ波／マイクロ波
	100万K		1000K		1K

図2　電磁波の波長と温度の関係.

も短い波長の電磁波は紫外線で，その温度は数万から数十万Kである．可視光は波長400—800nmでありその温度は数千K，赤外線は数μm程の波長で数百Kに対応する．数十Kになると遠赤外線からさらにはサブミリ波と呼ばれる電波の領域に達する．マイクロ波と呼ばれる波長が短めの電波は数Kに対応する．波長で数ミリといったところである．最近ではマイクロ波のうちでも数ミリの波長のものを特にミリ波と呼ぶことが多い．

　さて，自ら電波を発しない天体の場合には，ある波長の光を選択的に吸収せず反射するために輝いていることになる．太陽系を越えた遠方の宇宙に存在する自ら輝かない天体は，反射だけでは暗すぎて，通常は観測できない．陰の宇宙の一員となるのである．しかし，ここで注意しなければいけないことは，例えば可視光では輝いていない天体でも，もっと低い温度や高い温度で輝いている場合があることである．木星はその大気の温度が125Kであるために，可視光では太陽の光を反射しているだけだが，赤外線では輝いている．太陽によって温められている以上の熱を放出していることもわかっており，その熱源は木星の持っている重力エネルギーであると考えられている．

2.2　宇宙の様々な温度領域

　ここでは，実際に宇宙で見つかる様々な温度の領域，つまり異なった波長の電磁波で輝いている領域について見ていくこととする．

まず銀河系の中，星々の間に希薄に存在しているのが星間物質である．星間物質には分子雲と呼ばれる数十 K の非常に冷たい領域と，100K 程になる中性原子ガスの領域が挙げられる．前者は，分子の数密度は $10^2 - 10^7$ 個/cc と高いが，冷たいためにガスの圧力が弱く，重力によって容易に収縮できる．星へと進化するのである．赤外線で輝いているが，可視光では真っ暗なために暗黒星雲と呼ばれる（口絵 1）．暗黒星雲こそ，星が生まれている，星のゆりかごとでも呼ぶべき場所なのである．中性原子ガスは密度が $1-10$ 個/cc と低く，赤外線や電波で観測される．中性原子ガスには，より熱い成分も存在することがわかっている．

星間物質にはそれ以外にも，超新星の残骸や星が形成されている領域に高温の電離ガスが見つかる．星形成領域では若く青い星が多く存在するために，その高温の星からの紫外線によって星間物質が電離されるのである．電離ガスの温度は 1 万 K から 1000 万 K にもなることがあり，紫外線や X 線で観測される．

星は可視光の領域では宇宙で最も明るい光源である．軽い星は温度が低く赤色ないしは赤外線で輝き，重い星は温度が高いために青く輝き紫外線も放射する．青い星でも，その進化の終わりの段階では，巨星となり膨張するために温度が下がり赤くなる．

星の集団が星団，そして銀河であるが，銀河の集団が銀河群であり銀河団である．前者は 50 個未満の銀河の集団，後者は 50 個以上である．我々の銀河系も局所銀河群と呼ばれるアンドロメダ銀河を含む 30 個ほどの銀河の集団に属している．銀河団には巨大な質量，例えば太陽の質量の 100 兆倍もの質量が集中している．そこでは重力のエネルギーが熱に転化し，銀河間のガスが 1000 万 K にも達していて，X 線で明るく輝いている．可視光で見える光，すなわち星の成分の 10 倍もの質量が高温のガスによって担われているのである．代表的な銀河団であるかみのけ座銀河団を可視光と X 線で見た図を並べておく（口絵 2）．X 線，すなわちガスは銀河の間にも大量に存在することが見て取れるであろう．

2.3 宇宙全体の温度

さまざまな温度領域が混在する宇宙であるが，宇宙全体の温度とはどのようなものであろうか．例えば可視光から近赤外線の領域では，無数にある銀河の星の

光を足し合わせたものが観測される．中間赤外線から遠赤外線では，わずかに温められた星間塵からの放射が主役となる．しかし宇宙全体が最も明るく輝いているのは，赤外線よりも波長の長い，ミリ波からマイクロ波の領域である．そこに存在しているのが，宇宙マイクロ波背景放射であり，これこそが宇宙全体の温度を決めるといってよいであろう．

A. ペンジャスとR. ウイルソンが宇宙のありとあらゆる方向からやってくる電波を偶然発見したのは，1964年から65年にかけてのことである．二人の測定した波長7cmでの電波強度から，黒体放射を仮定することで電波の温度は3Kと見積もられた．膨張に伴って現在では非常に低温となっているこの電波こそ，熱かった宇宙の始まり，ビッグバンを証拠づけるものであった．宇宙マイクロ波背景放射である．

熱い宇宙の始まりを理論的に予想し，その化石としての電波の存在を予言したのは，G. ガモフとその共同研究者であった．1940年代のことである．そもそも，ガモフは元素の起源を熱い宇宙に求めたのである．冷たい宇宙では，元素は星の中で生み出される．そこでは最終的には最もエネルギー状態の低い鉄へと元素は変換されていく．熱い宇宙の始まりを考えれば，元素は当初バラバラの状態，つまり陽子と中性子として存在していることになる．そこから合成が進んだとしても，質量数5や8の安定な原子核が存在しないために，大半は陽子，すなわち水素原子と，質量数4の軽い原子核であるヘリウムになる．実際に宇宙の元素の大部分は水素とヘリウムであり，ビッグバン理論は軽い元素の起源を説明することに成功したのである．ただし，炭素や酸素，鉄などの重い元素は星によって作られたと考えられている．

ガモフは元素の起源を明らかにしただけではなく，熱い宇宙ではその温度に対応して熱放射が存在していたことにも気づいた．彼自身はその温度を5K程度と見積もった．これこそが，ペンジャスとウイルソンが測定した電波の正体であったのだ．

宇宙マイクロ波背景放射がビッグバンの化石であることの決定的な証拠は，プランク分布をしていることを示すことである．かつて宇宙が熱く，よく混ざり合った熱平衡状態にあれば，プランク分布が実現していたはずだからである．残念ながら，地上からの観測では，短い波長の放射は大気を透過できないことから，

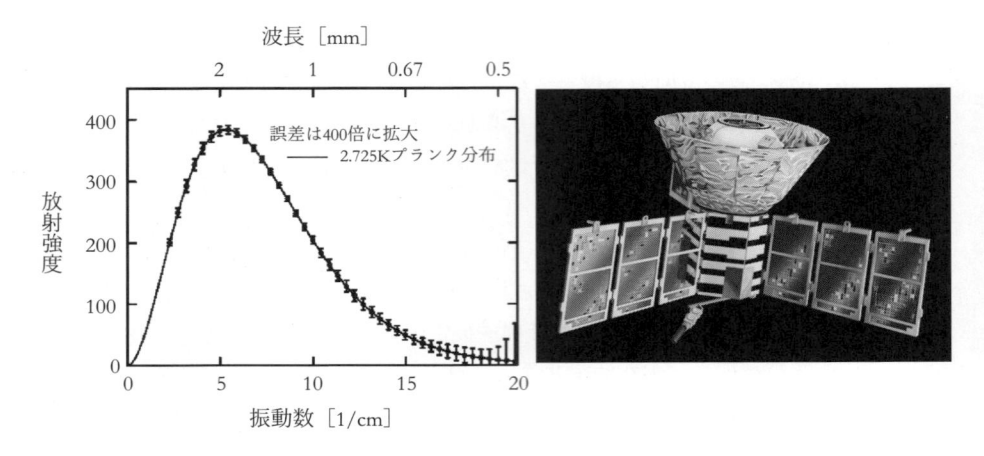

図3 （右）NASA の打ち上げた宇宙マイクロ波背景放射探査衛星 COBE．（左）COBE 衛星によって測定された宇宙マイクロ波背景放射の強度と波長の関係．実線は 2.725K のプランク分布で，COBE の測定の誤差は 400 倍に拡大してある．NASA 提供．

プランク分布であることを証明することは不可能である．どうしても宇宙空間での測定が必要であったのだ．そこで計画されたのが，アメリカ・NASA の COBE 衛星である．十数年にも渡る準備期間の後，とうとう COBE が打ち上げられたのは 1989 年のことであった．わずか半年の観測によって，COBE は宇宙マイクロ波背景放射がほぼ完璧なプランク分布をしていることを疑う余地なく示した（図3）．プランク分布からのずれはあったとしても 10 万分の 1 以下で，温度は 2.725K と求められた．この宇宙マイクロ波背景放射は，宇宙全体に充ち満ちていて，空のありとあらゆる方向から同じ温度で到来している．2.725K こそ，我々の宇宙全体の温度であり，それは波長数ミリのミリ波（マイクロ波の一部）で強烈に輝いているのである．

COBE はまた，温度の詳細な空間分布も求めた（口絵 3 上）．その結果，ごくわずか，10 万分の 1 程度ではあるが，温度が到来方向によってばらついていることを突き止めた．これこそ，宇宙に見られる多様な階層構造の種となった揺らぎである．これについては，また本章の後の方で詳しく述べることとする．

なお以上の業績によって COBE チームの J. マザーと G. スムートは 2006 年のノーベル物理学賞を受賞した．

さて宇宙マイクロ波背景放射で見ているのはいつの時代の宇宙なのであろうか．ビッグバン初期は非常に高温で，陽子は電子をつなぎ止めておくことができず，バラバラに存在していた．この状態は先のヘリウムへの元素合成が進んだ時期（宇宙誕生後3分頃）よりもずっと後になるまで続いた．光は電子と衝突しやすい性質を持っているために，この時期の宇宙では光は直進することはできず，絶えず電子と衝突を繰り返していた．光が直進できないために，宇宙は不透明だったのである．その後，宇宙が誕生後40万年を迎える頃に大きな転機が訪れた．膨張によって温度が低下しついに3000Kにまで下がったこの時期になると，いったん陽子に捉えられた電子は，再び逃げ出すだけのエネルギーを持たなくなる．水素原子の形成である．この過程が進んだ結果，宇宙に存在している大部分の電子は陽子と結びつき，宇宙空間には自由電子がほとんど存在しなくなる．衝突する相手がいなくなった光は，この時以降，宇宙空間を直進することになる．40万年の時代に放たれた光を，140億年の時間を隔て，我々は測定しているのだ．宇宙マイクロ波背景放射は，まさにビッグバンの化石であり，宇宙初期の姿を我々に直接見せてくれるのである．

宇宙全体を電波によって照らしている宇宙マイクロ波背景放射こそ，光の宇宙の主役であるといえるかもしれない．

3. 見えてきた陰の宇宙

3.1 光の宇宙の最新観測

光の宇宙，すなわち見えている宇宙が総てではないことに，研究者は1970年代頃から気づき始めた．21世紀を迎え，質，量ともこれまでとは比較にならない天文観測データが提供されるに至り，実は光の宇宙では見えていなかった陰の宇宙こそ，宇宙を支配するものであることが明らかになってきたのである．

1990年代に入って，天文観測は急速な進展を遂げた．これまでには見ることのできなかった微弱な光を捉えるために，8—10mクラスの望遠鏡が競って建造された．最初のものとなるKeck望遠鏡が稼動を始めたのが1991年のことであ

る．国立天文台のすばる望遠鏡は1998年にファーストライト（天空の光を初めて望遠鏡に入れる）が行われた．現在では，世界中に10台に迫る数の巨大望遠鏡が常時観測データを取得しており，さらに何台もの新しい望遠鏡計画が進行中である．これらの巨大望遠鏡では，これまでは光が微弱すぎて到底観測することのできなかった暗い天体を見ることができる．遠方にあって暗い天体を捕まえることができるようになったのである．実際に，すばる望遠鏡は，これまでで最も遠方にある銀河，すなわち最も宇宙の始まりに近い，最初期の銀河を発見している．それは宇宙誕生後，わずか9億年頃のものである．

宇宙空間での遠方宇宙の観測も活発である．地球からの電磁波を避けられること，また大気を透過できない波長の電磁波を測定できること，さらに大気のゆらぎに影響されない鮮明な画像が得られることなどから，じつに様々な波長での観測が行われている．可視光の望遠鏡であるハッブル宇宙望遠鏡はその代表である．他にも，現在活躍中の衛星だけでも，ガンマ線ではインテグラル，スイフト，HETE–2，X線ではチャンドラ，XMM-ニュートン，すざく，紫外線のギャレックス，赤外線ではスピッツァーとあかり，そして電波でWMAPなどが挙げられる．このうち，HETE–2，すざく，あかりは我が国の衛星である．

光では直接見ることのできない陰の宇宙の解明に威力を発揮しているのは，これらの大規模な計画だけではなく，より規模は小さいが，専用化された望遠鏡を用いた計画である．宇宙全体に拡がった陰の宇宙の成分を見つけるためには，非常に広い視野での天体をしらみつぶしに観測しなければならない．そのため，鏡のサイズでは一回り以上小さくても，1つの観測目的に特化して長時間の観測を可能にしてくれる専用望遠鏡が強みを発揮するのである．代表的なものに，スローン・デジタル・スカイ・サーベイ（SDSS）計画がある．2mの口径の望遠鏡を用いて，およそ100万個の銀河の赤方偏移を測定し，宇宙の地図を作り上げる，という計画である．赤方偏移とは，後述するように，遠方の天体からの光が宇宙の膨張によってドップラー効果を受け，赤くなる効果である．この効果は距離が遠ければ遠いほど大きくなるために，天体までの距離の指標として用いられる．赤方偏移を測定することで，銀河の空間分布を決定できるのである．SDSSは，すでに観測計画の80%程が完了している．2dFと呼ばれる計画も同じような目的で行われ，すでに20万個の銀河の赤方偏移を測定し，計画は完了している．

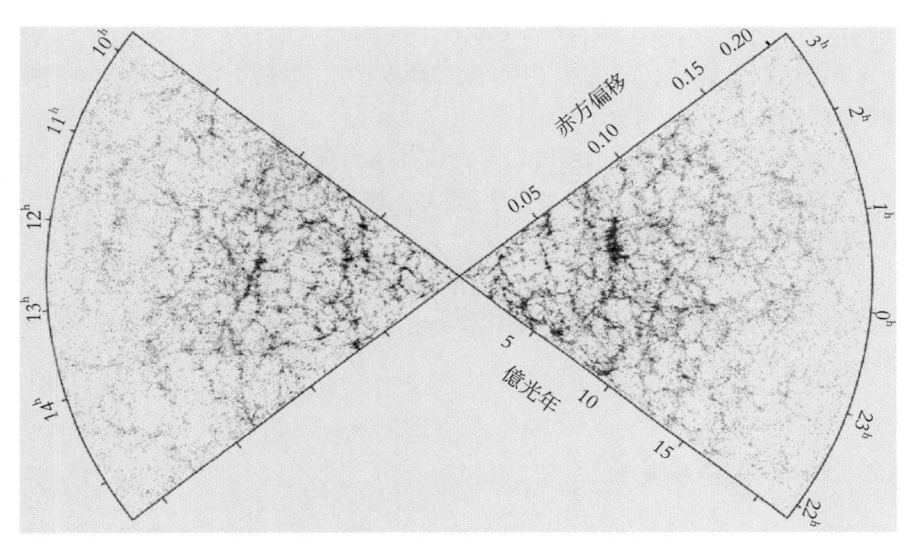

図4 2dF銀河探査チームによる宇宙の地図．点が銀河で，我々観測者が中心．10億光年単位の物差し（右斜め下）と，赤方偏移（右斜め上）の物差しが奥行き方向を示している．銀河のネットワーク構造が見られる（http://www.mso.anu.edu.au/2dFGRS/ 参照）．

　これらの最新の観測研究が明らかにしてきたのは，宇宙の多様な階層構造である．これまでは，太陽系しか知られていなかった惑星系であるが，1990年代中頃から続々と新しい惑星系が見つかってきている．太陽系外の惑星系は160個以上，惑星の数はすでに200個にも達している．太陽系が特別であると信じる理由はもはや存在しない．星の集団には数十から百個程度の散らばった散開星団と，数万から数十万に及ぶコンパクトにまとまった星の集団である球状星団がある．前者は若い星が多く，後者は特に年老いた星が多い．星の集団である銀河は，渦巻銀河，楕円銀河，不規則銀河など形状ごとに分類されているが，宇宙の歴史の中では小さいものが徐々に大きくなり，大きな渦巻銀河同士の衝突などから，巨大楕円銀河が生まれているようである．銀河の集団がすでに述べたように銀河群や銀河団であり，銀河団は銀河ができた後，現在から数十億年前という比較的最近になって宇宙で形成されたことがわかってきた．さらに，SDSSや2dFは，銀河や銀河団が非常に大規模なネットワークを構成していることを見つけ出した

（図4）．フィラメント状に銀河がつらなり，その交点に銀河団が存在しているのである．このような構造を，宇宙の大規模構造とか，Cosmic Web（宇宙の蜘蛛の巣構造）と呼ぶ．

サイズがせいぜい1光年の惑星系から，差し渡し数十万光年の銀河，数百万光年の大きさを持つ銀河団，そして数億光年にも渡る大規模構造まで，宇宙には多様な階層構造が存在しているのである．

このように1990年代に入ってから急激に進んできた光の宇宙の天体観測，それはまた陰の宇宙を炙り出すものでもあった．そこで見つけ出されたのがダークエネルギーとダークマターである．

3.2 ダークエネルギー

最初にも述べたように，現在，宇宙は膨張している．この宇宙の膨張の様子を詳しく観測することによって明らかになってきたのが，ダークエネルギーの存在である．

宇宙の膨張とは，空間の各点の間の距離が等倍されて伸びていくという現象である．風船の表面が，空気が吹き込まれることで拡がっていくのを想像すればよい．膨張する宇宙では，遠方の天体はすべて我々から遠ざかっていくこととなる．実際には，銀河系の中の天体や，銀河系に付随する大小マゼラン星雲，さらに距離が近くて銀河系と重力的に引っ張り合い近づいて来ているアンドロメダ銀河などは，すでに重力的に結びついた構造となっているため，宇宙の膨張からは切り離されている．しかし，これらを例外として，その他の銀河はすべて我々から遠ざかっている．そこからの光が本来の波長よりも長くなっている（つまり赤くなっている）ことが観測されるのである．遠ざかる光源からの光は，音の場合と同様に，ドップラー効果が生じる．遠方の銀河から放たれた光は，銀河が我々から遠ざかることでドップラー効果によって赤くなっているのである．先に述べた赤方偏移である．赤方偏移による波長の伸びの割合と天体の遠ざかる速度は比例することとなる．ちなみに，一般相対性理論では，この赤方偏移は，光が伝搬する間に空間が伸びたために波長が伸びる，とも理解できる．

さて，距離がどこも同じ割合で伸びていくことから，天体の遠ざかる速度と距

離の間には1つの法則が導かれることとなる．速度と距離は比例関係にある，という法則である．この法則は，次の例から容易に理解できるであろう．空間が2倍に膨張した場合を考える．すると，もともと距離1億光年と2億光年の所にあった天体は，それぞれ2億光年と4億光年の場所に遠ざかる．同じ時間の間に，前者は1億光年だけ遠ざかり，後者は2億光年遠ざかることになる．すなわち，前者に比べ後者の後退する速度は2倍である．距離に比例して遠ざかる速度が大きくなることがわかるであろう．

　1929年に，アメリカの天文学者E.ハッブルが，遠方の銀河までの距離と後退速度を測り，この法則が確かに成り立っていることを示した．そのため，これをハッブルの法則と呼ぶ．宇宙は確かに膨張しているのである．

　ハッブルの法則では宇宙の膨張の割合は一定と考えた．しかし，実際には膨張の速度は時間が経つと変化する．宇宙に存在する物質が及ぼす重力によって，膨張は徐々に遅くなっていくと考えられるのである．このことは，重力が引力であることと関係している．引力によって宇宙の空間自体が引きつけられるために，膨張を止める方向に力が働くのである．

　膨張の時間変化を考えるためには，より遠方の天体までの距離と赤方偏移の関係を調べればよい（図5参照）．膨張が減速しているとすれば，現在より過去は膨張速度が速いことになる．遠方の天体を観測することは，過去の姿を宇宙では見ていることに他ならない．そのため，遠方の天体は，かつて宇宙がもっと高速に膨張していた時代からの光を届けることになる．高速に膨張していたのであるから，一気に宇宙は大きくなったことになる．例えば現在の半分の大きさの宇宙から現在の大きさまで膨張するのに必要な時間が，一定の速度で膨張している場合に比べて，減速している場合にはより短くてすむ．ここでいう宇宙の大きさは赤方偏移に関係し，時間はその天体までの距離に換算できる．つまり，同じ赤方偏移の天体で比べると，減速膨張している場合には，一定の速度の場合に比べて，より近くにあることになる．近い，ということは明るく見えるはずである．

　結局，宇宙膨張の減速の度合いを決めるためには，遠方の天体の赤方偏移と明るさの関係を調べればよいということになる．ここで注意しなければならないのは，遠方の天体の明るさの変化によって距離を決めるのであるから，その天体の本当の明るさがわかっている必要があるということである．たまたま本当の明る

(a) 減速しながら膨張する宇宙：過去の膨張速度が現在より速い

(b) 等速膨張する宇宙：過去の膨張速度が現在と同じ

(c) 加速しながら膨張する宇宙：過去の膨張速度が現在より遅い

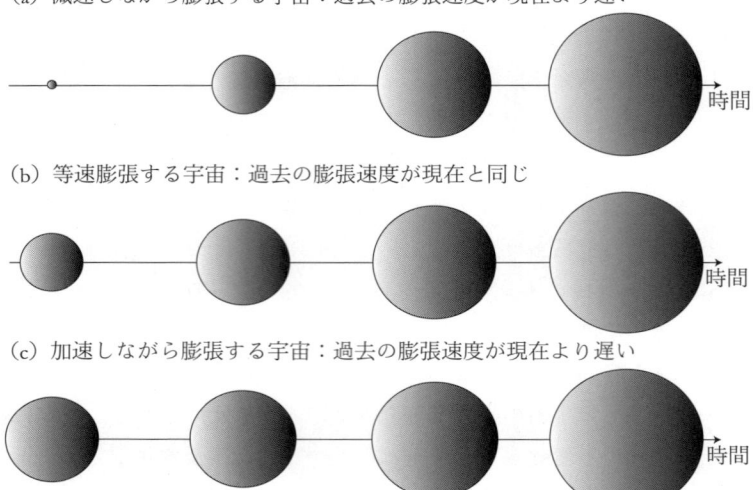

図5　減速・等速・加速膨張する宇宙．球の表面が宇宙を，球が膨らんでいくことが宇宙の膨張を表している．一番右が現在の宇宙．(a) の減速膨張する宇宙では，過去の膨張速度が現在よりも速いために，(b) の等速膨張に比べて，過去に急激に膨張して現在に至っている．現在の宇宙から見て，(a) の左から2つめの宇宙が (b) の一番左と同じ大きさである．このことは現在から観測すると，両者の赤方偏移の値が同じであることを意味している．同じ赤方偏移の時期が (a) の方が (b) に比べて現在の近くにある，ということは，そこまでの距離が短いことに他ならない．減速膨張する宇宙では，等速膨張に比べて同じ赤方偏移がより近くに対応するのである．近くから天体が明るいことになる一方，加速膨張はこれとは反対になる．(c) の一番左の宇宙が，(b) の左から2つめと同じ大きさになっていることに注目されたい．加速膨張では同じ赤方偏移が等速膨張に比べてより遠方に対応することになり，天体の明るさが暗くなるのである．

さが暗いものが紛れ込んでいたために，それが遠くにあると間違えてはいけないからである．このような本当の明るさのわかっている天体を標準光源と呼ぶ．幸い，この目的のためにぴったりの天体がある．星の終末段階である超新星である．その中でも，Ia型と呼ばれる種類のものが，標準光源として使えることがわかってきた．この超新星は非常に明るく，宇宙の膨張速度の変化を測定できるぐらい遠方まで測定可能である．超新星は1つの銀河では100年に1回ぐらいしか起きない現象ではあるが，広い視野での観測を行えば，そこには多くの銀河が含まれ

るために，例えば年間数十個も見つけることが可能である．この目的のために，4m クラスの望遠鏡をほぼ専用化して超新星の探査を行う計画が，1990 年代に 2 つスタートした．

その結果は，驚くべきものであった．遠方の超新星の明るさは，宇宙の膨張速度が一定であると仮定した場合よりも"暗かった"のである．暗いのだから，遠くにある．これは膨張が加速していることを意味している．加速ならば過去の膨張速度は現在よりも遅い．ゆっくりと膨張していたのだから，膨張速度一定の場合に比べ，同じ大きさの宇宙が遠くにあることになるのである．思いもよらないことに，宇宙の膨張は加速していたのだ．

先に，重力は引力としてしか働かないために，宇宙の膨張は必ず遅くなっていくはずである，と述べた．観測結果は，これとは逆の結論を得たのである．観測が正しく宇宙の膨張が加速しているとすれば，可能性は 1 つである．宇宙の膨張を加速させるための斥力を及ぼすような反重力源が大量に宇宙に存在している，ということになる．

歴史上，このような反重力源を最初に考えたのは，A. アインシュタインその人である．彼は，自分の作り上げた一般相対性理論によって宇宙を記述しようとすると，重力が宇宙を必ず潰す方向に働くことに気づいた．そこで，宇宙を静止させるために，重力と釣り合わせる目的で反重力源を自身の方程式に導入したのである．宇宙項，または宇宙定数と呼ばれる項である．実際には，宇宙は静止していないことがハッブルの観測によって明らかになったために，アインシュタインはこの反重力源の導入が不必要なものであったことを悟り「生涯最大の過ち」と述べたと伝えられる．

しかしながら，20 世紀末の観測は，膨張宇宙にアインシュタインの宇宙項の存在を認めたのだ．では，この宇宙項の正体とはいったい何なのであろうか．残念ながら，未だ全くわかっていない．ただ，宇宙を加速させるためにエネルギーをどこからか供給しなければいけないことは確かであり，それを真空自身の持つエネルギーに起因するものであると考える研究者は多い．そこで，近年この宇宙項のことを目に見ることのできないエネルギー，すなわち「ダークエネルギー」と呼ぶようになってきた．宇宙の膨張を支配する主役は，目に見える物質などではなく，ダークエネルギーであったのだ．

3.3 ダークマター

　ダークエネルギーが宇宙の膨張を支配しているとしても，通常の重力を及ぼす物質は依然として宇宙には存在している．しかし，その物質もじつは電磁波を出して輝いているのはごく一部であることが明らかになってきたのである．

　ダークマターの存在を初めて観測によって示したのはF. ツヴィッキーで，1930年代のことであった．銀河団内の銀河の運動を調べ，見えない重力源の存在に気づいたのである。

　1970年代にはアメリカの女性天文学者V. ルービンが，渦巻銀河の回転を調べることで，銀河に付随する大量の見えない物質の存在を明らかにした．我々の銀河系やアンドロメダなどの渦巻銀河は，中心に大量の星の集団であるバルジと呼ばれる部分があり，外側は円盤状をしたディスクと呼ばれる部分で構成されている．バルジは全体が一緒に回転するために，ちょうどタイヤやコンパクトディスクの回転のように，外側ほどその速度が速くなっている．しかし，ディスクの部分では，銀河の質量がほとんど中心部のバルジで決まるために，太陽系の惑星の運動のように外側ほど回転の速度が遅くなることが期待される．そこで速度を調べてみると，バルジの部分は確かに速度が中心からの距離に従って増加していったのだが，ディスクの部分では，距離によらずに速度がほとんど一定であることがわかったのである（図6参照）．これは，ディスクの領域に目には見えない物質が大量に存在していて，バルジほどではないが，同様に全体を回していると考えなければつじつまが合わない．銀河には目には見えないが大量の物質が暈（ハロー）として存在しているのである．これをダークマター（暗黒物質）と呼ぶ．

　ダークマターは銀河だけではなく，宇宙全体に大量に存在していることが，明らかになってきた．例えば銀河の集団である銀河団には，星の10倍のガスが存在していることは先に述べた．しかし，さらにそのガスの10倍ものダークマターがそこに存在していて，重力の源となっているのである．ガスの温度を1千万度にまで上昇させ，ガスを中心部に留めておくためには，非常に強い重力が必要となる．見えている物質の作り出す重力だけでは不十分なのである．また直接的にも，銀河団の後方にある銀河の像が銀河団の重力によって歪められる重力レンズ効果により，見えていない重力源の存在は明らかにされている．重力の強さを直

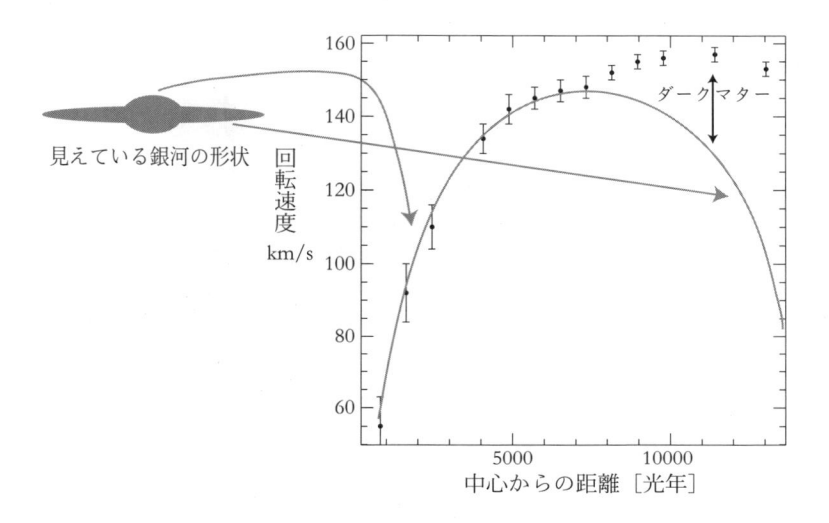

図6　銀河 NGC3198 の中心からの距離と回転速度の関係（回転曲線）．見えている銀河の形状から予想されるグラフより，中心から離れた場所で，速度が大きくなっている．このことは，見えているような中心部分に質量が集中している構造を銀河がしているのではなく，その周りに多くの見えていない質量，つまりダークマターが存在していることを意味している．

接測定できることから，見えない部分も含めた物質の量を推定できるのだ（図7）．

　このダークマターは宇宙の構造形成に重要な役割を果たす．銀河や銀河団，大規模構造は，ダークマターが重力的に集まっている場所なのである．ダークマターの作り出す重力に引きつけられ，ガスが集まり，そして星が生まれる．光の宇宙は，陰の宇宙によって生み出されたのだ．

　ダークマターは，宇宙全体の質量・エネルギーのうちおよそ3割程度を占めていることが明らかになっている．残りの7割がダークエネルギーである．陰の宇宙の主役，ダークエネルギーとダークマターの詳細な存在量がどのように決定されたのかを次に見ていくことにする．

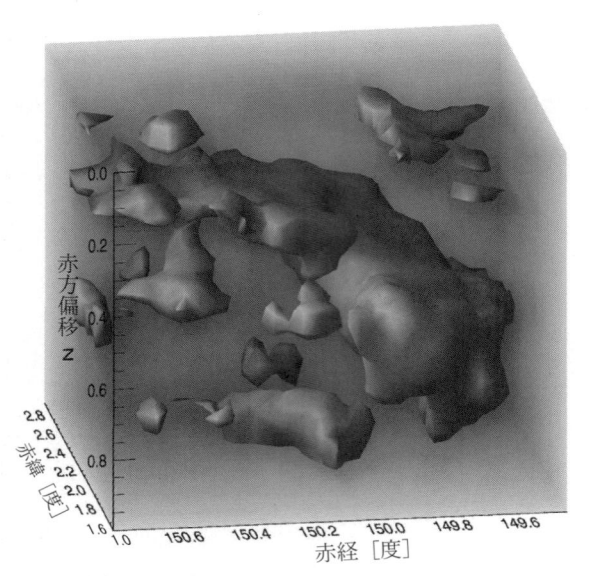

図7 重力レンズ効果によって求めたダークマターの分布．我々銀河系からの距離は，上から下に行くほど大きくなり，一番下までで約80億光年．ハッブル宇宙望遠鏡COSMOSプロジェクト提供（Richard Massey 他 Nature 誌改変）．

4. 宇宙交響楽が解き明かす陰の宇宙

　ビッグバンの化石，宇宙マイクロ波背景放射は，宇宙のどの方向からもほとんど同じ温度，2.725K でやってきている．しかし，その空間分布を COBE 衛星が詳細に調べたところわずか10万分の1程度ではあるが，到来方向によってわずかに温度が異なることが明らかになった．温度の揺らぎが存在していたのである．
　この温度揺らぎは，現在の宇宙の多様な階層構造を生み出した種となった揺らぎである．現在の構造は宇宙誕生後140億年近くたったものであり，宇宙マイクロ波背景放射に見る温度揺らぎは，その40万年の時代の姿である．40万年の当時はわずか10万分の1であった揺らぎは，その後長い年月をかけて成長してきた．当時，他の場所よりもほんの少しだけ物質が余計に集まっていた場所には，光も

集められ温度が高温の場所となっていた．物質（大部分はダークマター）がごくわずかでも多く集まっているとそこの場所には重力によってさらに物質が集められる．するとますます重力が強くなり，物質が集められる．この過程を続けることで，ついに現在見られる多様な構造に育っていったのである．実際には，小さい構造から順に生まれていったと考えられている．このことは数値シミュレーションによる理論計算でも明らかにされている．まずは小さな銀河ができ，それが周囲の物質を集め，また合体をすることでやがて大きな銀河，銀河群，そして銀河団へと育っていったのである．

　40万年の時代の温度揺らぎは，現在の構造の種というだけではなく，それを測定することで,陰の宇宙についての情報を得ることができる．このことはまず，理論研究によって，明らかにされた．

　温度揺らぎの生成過程は理論計算によって完全に理解できる．40万年の時代までは，宇宙は陽子・電子・光子が混じり合ったプラズマ状態になっていた．そこでの密度揺らぎが温度揺らぎとして観測されるのである．プラズマは気体のような圧縮性の流体であり，圧縮性流体での密度の波，つまり粗密の伝搬は音波である．温度揺らぎは40万年の時代に宇宙に鳴り響いていた音なのだ．宇宙全体に鳴り響いていたのであるから，宇宙交響楽とでも呼べるものであった．

　40万年の時代の音は，その時代の宇宙の大きさ（楽器の大きさ）や，そこでの媒質の性質（音速）によってその音程や音色を変える．音程とは，基準音で決まり楽器の大きさ，つまり宇宙の大きさを反映している．宇宙交響楽では，最も低音の基準音はおよそ40万年に一度振動する超重低音である．音色は倍音成分であり，楽器の形状によって決まる．音を聞いて楽器の大きさやその形が想像できるように，温度揺らぎの物理的なサイズを測定することで，宇宙の膨張の速さやそれを決めている物質の量，さらには音速を決めている通常の物質（元素）の量が決定できるのである．

　さらに我々はこの温度揺らぎを140億光年ほど隔たって測定している．すると途中の空間を伝搬する間に，空間の曲がり具合によっては，その揺らぎのパターンのサイズが変更される．空間の曲がりが正曲率であれば，空間が凸レンズとして働きパターンを拡大する．一方負曲率であれば，凹レンズとして働くために，パターンは縮小されるのである．温度揺らぎを測定することで，空間の曲がりも

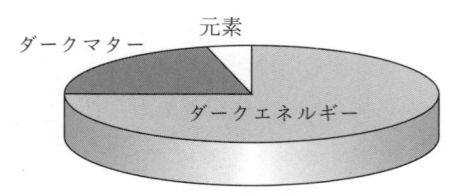

図8 WMAP衛星によって求められた宇宙の構成要素比．ダークエネルギーが74%，正体不明のダークマターが22%で通常の元素はわずか4%である．

決定できることになる．

　温度揺らぎの測定によって宇宙の構成要素や空間の構造などが決められることを理論研究が明らかにしたことを契機に，温度揺らぎを詳細に測定する計画がCOBE以降数多く立案された．COBE自身は残念ながら角度分解能が十分でないピンぼけ望遠鏡だったため，この役割を果たすことはできなかったのである．大気に邪魔されないように，気球を用いた観測や高地からの観測が次々と行われたが，本命は，やはり人工衛星であった．COBEの数十倍の角度分解能，数十倍の感度を持った新たな人工衛星WMAPが打ち上げられたのは2001年のことであり，2003年にはその最初の成果が発表された．口絵3の下がその全天温度マップである．

　全天温度分布を詳細に統計解析することで，WMAPは宇宙の物質の量などを詳細に決定することに成功した．その結果は，宇宙の全エネルギー密度の74%はダークエネルギー，22%は通常の元素ではない未知の物質で構成されているダークマター，そして，残り4%が元素であるというものであった（図8）．また空間は曲がっていないことも明らかにした．さらに，宇宙の進化をこの構成比に従って解くことで現在の宇宙の年齢を137億歳とはじき出した．

　WMAPが決定したダークエネルギーやダークマターの量は，これまでの超新星によるダークエネルギーの探査や銀河・銀河団に存在するダークマターの量などとよく一致する結果であった．ここで4%の元素のうち，電磁波を出して輝いている成分はわずか1%しかない．結局，宇宙の99%は陰に隠れていたことになる．しかも，96%はその正体さえもわからない．これが最新の研究から明らかに

された宇宙の姿である．

5. そして将来へ

　20世紀終盤から21世紀，観測天文学の急激な進展により，これまで見ることのできなかった宇宙の姿が白日のもとにさらされるようになった．その結果は，全く皮肉なことに，宇宙の大部分は電磁波を出していない見ることのできない成分である，というものであった．99%の宇宙は陰の世界であり，96%はその正体さえ全くつかめていないのである．

　99%が陰によって支配されている宇宙の運命とはどのようなものであろうか．今後の宇宙の発展は，ダークエネルギーによる加速がますます効いて，急激に膨張速度を速めていくことが予想される．このような宇宙は，永遠に膨張を続けるが，遠方の天体は激しく赤方偏移をしていき，すぐに暗くなり測定できなくなっていく．将来の天文観測のターゲットは，現在重力的にすでに結びついた存在である銀河系，アンドロメダ銀河などを中心とした局所銀河群ぐらいしかなくなってしまうことだろう．もっとも銀河系とアンドロメダ銀河は現在でも互いに近づいていて，50億年もすれば衝突することになると見積もられている．

　長い時間が経つうちに星は死に絶え（100兆年後），ブラックホールも蒸発し，元素も崩壊することになると考えられている．現在の宇宙マイクロ波背景放射も，赤方偏移によって波長を急激に伸ばし低温になっていく．永遠に続く宇宙は，陰に完全に支配された冷たい闇の宇宙なのかもしれない．

　現在，宇宙を支配するダークエネルギーやダークマターの正体を明らかにするための観測計画が数多く立案されている．ダークエネルギーについては，超新星をスペース望遠鏡で探査するSNAP計画や，すばる望遠鏡に新たに非常に視野の広いカメラを取り付け，超新星や遠方の大規模構造などを探査することで，その時間進化を明らかにする試みがある．ダークマターについては，やはり広視野銀河探査によって見えない物質の生み出す重力レンズ効果を計測するなどの天文学的手法の他に，実際に加速器実験で候補となる新粒子を作り出す試みが進められている．スイスとフランスの国境に建設中の加速器LHCは，2007年には稼動

を始める．そこで新粒子が見つかれば，ダークマターの有力な候補となろう．さらに，WMAPに続く宇宙マイクロ波背景放射探査衛星PLANCKも2008年には打ち上げ予定である．

　天文学のみならず，物理学最大の謎となったダークエネルギーとダークマター，その正体を明らかにし，陰の宇宙を照らすことは，疑う余地なく今後の最も重要な研究テーマである．今後の研究の進展に期待したい．

関連図書案内

一般向けの最新宇宙論の啓蒙書としては例えば
杉山直「宇宙　その始まりから終わりへ」朝日新聞社（朝日選書），2003年
ダークエネルギーについては
千葉剛「宇宙を支配する暗黒のエネルギー」岩波書店，2003年
少し進んだ読者には，
杉山直「膨張宇宙とビッグバンの物理」岩波書店，2001年
バーバラ・ライデン「宇宙論入門」ピアソンエデュケーション，2003年

第2章
レーザー光で創る量子気体

高橋　義朗

1. はじめに

　夏の夜空を彩る花火には，いろいろな色のものがあるからこそ美しい．それでは，その花火の色は，何で決まっているのであろうか？　ご承知のとおり，いろいろな原子の炎色反応を利用している．黄色はナトリウム原子，赤はストロンチウム原子，緑はバリウム原子，などである．量子力学によると原子のエネルギーは，原子ごとに決まったとびとびの値を持ち，それらの差に相当するエネルギーを持つ光を，放出したり吸収したりすることができる．こうした，原子のとびとびのエネルギーを精度よく決定することにより，原子の内部の電子や原子核の情報を得ることができる．これが，原子の分光学と呼ばれる学問分野である．
　また，彗星が太陽と逆方向に尾を引く，ということもよく知られたことがらであるが，これは，光はエネルギーだけでなく，運動量も担っているということに起因している．したがって，運動量保存則にしたがうと，原子が光を吸収・放出する際には，原子の運動量も変化することになる．もし仮に，ある方向に高速で運動している原子に，対向する向きから光を加えて吸収させつづけることができたとしたら，原子は光から運動量を与え続けられるため，減速して最後には速度ゼロ付近にまでさせることができないだろうか？　答えはイエスで，これがレーザー冷却と呼ばれる方法である．
　レーザー冷却などの方法を用いることにより，原子の速度を極めておそくする

ことができると，原子は「粒子」としての振舞いだけでなく，「波」としての振舞いも示しはじめるようになる．この「粒子」と「波」の二重性は，量子力学の基本となっている．原子集団の速度が十分おそくなり，原子の「波」の大きさが，原子間の距離と同じくらいにまで広がって，「波」同士が重なりはじめると，量子力学が予言する「相転移」が起こり，全ての原子が1つの巨大な「波」で表されるようになる．これが，ボース・アインシュタイン凝縮と呼ばれているものであり，表題の「量子気体」である．

本章では，このような原子と光の物理学の発展を，歴史的背景から最近の研究の展開まで，原理の簡単な説明も含めて解説していきたい．

2. 歴史的背景

大まかな流れを表1にまとめた．

1980年代以前では，原子の分光学においては，原子が吸収する，または発光する光の周波数をいかに精度よく決められるか，が1つの大きな研究の方向性であった．ランプからの光源を用いていた場合はランプ光源自身がさまざまな周波数を含んでいるため，高精度に周波数を決定することはできなかった．しかし，この状況はレーザーの発明で一変する．単一の周波数で発振するレーザー光を分光実験に用いることにより，"レーザー"分光学は飛躍的に進歩することになる．すなわち，得られる吸収線は，対象となる物質の固有の性質を反映した周波数の幅をもつようになった．気体の場合，ランダムな熱運動によるドップラー効果のため，たとえば室温のガラスセル中のアルカリ原子の吸収線は，1GHz程度の線幅の広がり，いわゆるドップラー広がりを示す．ここで，光に対するドップラー効果とは，光源に対して運動している原子が観測する光の周波数は，静止しているときに比べて偏移（シフト）する，という効果のことである．ところが，たいていの原子の光吸収線本来の周波数幅は，その準位からの発光の寿命で決まっていて，10MHz程度しかなく，さらに原子核スピンと電子角運動量の相互作用である超微細相互作用のうち原子核スピンと電子の軌道角運動量との相互作用は数100MHz以下であるので，たとえば単に吸収線を観測するだけでは，これらは

表 1　原子物理学の歴史.

1980 年台以前
ランプ光をもちいた原子分光学：光源により測定分解能が限定
レーザー光の出現：原子本来の性質が反映
非線型レーザー分光学の誕生：ドップラー広がりを巧みに回避
1980 年ごろ ~1994 年
レーザー冷却法の開拓：1mK 以下の極低温への冷却
低温原子の空間的閉じ込め
原子時計，量子光学，原子光学への応用
1995 年以降
原子のボース・アインシュタイン凝縮の実現

レーザー冷却法の開拓が新展開をもたらした.

ドップラー広がりに隠されて観測することができない．これに対して，ヘンシュとシャウローは飽和吸収分光法と呼ばれる非線型効果を巧みに利用した分光法を開発し，これにより，ドップラー広がりに埋もれていた情報を得ることに成功した．これ以降，ランダムな原子の熱運動はそのままにして，巧みな工夫でドップラー広がり以下の周波数幅の光吸収信号を得る，いわゆるサブドップラーフリー分光法が数多く開発されてきた．

また，分光学では，高温のオーブンにあいた小さな穴から出てきたビーム状の原子集団，いわゆる原子ビームも良く用いられる．この原子ビームを用いて超微細準位間の分光を行った場合，原子が相互作用領域を通り過ぎる時間が短いことにより，超微細準位間の周波数決定精度が劣化してしまう．これに対して，ラムゼーは，遠く離れた 2 箇所で原子と相互作用させることにより，周波数決定精度を向上させる方法，いわゆるラムゼー共鳴法を開発し，性能を向上させることに成功した．これは，原子時計などへの応用にとって大変重要である．

1980 年代以降，新たな研究の方向性として，レーザー冷却・トラップの研究が本格的に開始された．高速に熱運動している原子集団から，レーザーを使って巧みに原子の情報を引き出す，というそれまでの研究姿勢と大きく異なり，原子のランダムな運動自体をレーザー光を用いて制御する，というものである．代表的なレーザー冷却法にドップラー冷却法というものがあるが，これは，ドップラー効果によるレーザー光の周波数シフトを巧みに利用したものである．図 1 を参照していただきたい．ただし，この実験を行うためにはレーザー光の周波数を

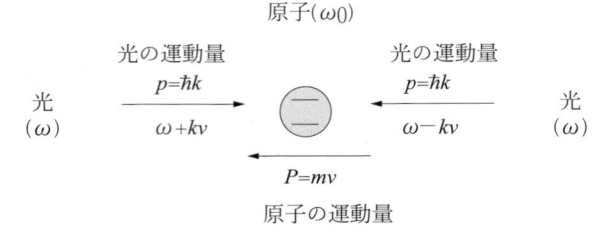

図1 ドップラー冷却法の原理．原子の吸収線（ω_0）にたいしてわずかだけ低い周波数（ω）に設定したレーザー光を，両側から照射する．原子の運動している向きと逆の方向から照射されたレーザー光の周波数は，ドップラー効果により高い周波数（$\omega+kv$）に偏移するため，原子に吸収されやすくなる．その結果，光の運動量が原子に移行し，原子の運動が減速される．

原子共鳴付近（ω_0）に周波数を固定して実験を行うことが必要であるが，この頃までにレーザー光の周波数制御の技術も熟し，比較的容易にこのような高度な実験を行えるようになってきた．ドップラー冷却法のほかにも，シシュフォス冷却法など，さまざまな冷却法が開発されるとともに，磁気光学トラップ法などの原子を空間的に閉じ込める技術も開発された．ここで，磁気光学トラップ法とは，前述のドップラー冷却法の配置，すなわち，3次元的に，対向するレーザー光を原子に加える，と同時に，空間的に不均一な磁場を原子に加えて，それによる原子のエネルギー準位の空間変化を利用して，原子に光の吸収・放出を繰り返させながら，空間のある一点に閉じ込め，かつ冷却する，という方法である．これにより，1億個以上の中性原子を数マイクロケルビンに冷却・トラップすることが可能になった．本章では，いくつかの異なるタイプの原子の閉じ込め（トラップ）方法が出てくるので，これらを表2にまとめた．適宜参照していただきたい．

このレーザー冷却・トラップの技術を応用して，非常に多くの研究が行われてきている．原子時計の精度向上や，量子光学実験用の理想的なサンプル，原子干渉計などの原子光学研究，などがあるが，最も重要な応用として，1995年に実現された希薄中性原子のボース・アインシュタイン凝縮（BEC）が挙げられるであろう．量子統計力学によると，理想ボース粒子系は，位相空間密度$\rho=n\lambda_{dB}^3$が2.61を超えたときに，量子相転移を起こし，基底状態に巨視的な数の粒子が

表2 光と磁場を用いた原子のトラップ法.

磁気光学トラップ：
　3次元的に対向するレーザー光を原子に加え，原子に光の吸収・放出を繰り返させながら，空間的に閉じ込め，かつ冷却する方法．空間的に不均一な磁場を加えて行う．

磁気トラップ：
　原子の持つ磁気モーメントと，空間的に不均一な磁場との相互作用により原子を空間的に閉じ込める方法．光による吸収・散乱がないためこの力は保存力である．

光トラップ：
　光電場と原子の相互作用であるACシュタルク効果を利用して，空間的に不均一な光電場で原子を空間的に閉じ込める方法．ほとんど光を吸収しない状況でも原子に大きな力を与えて閉じ込めることができ，その場合この力は保存力とみなせる．

不均一磁場とレーザー光を用いた磁気光学トラップ，不均一磁場のみを用いた磁気トラップ，および不均一な強度分布をもったレーザー光による光トラップ，が代表的なものである．

落ち込む．これがボース・アインシュタイン凝縮である．ただし，nは原子数密度である．$\lambda_{dB} = h/(2\pi m k_B T)^{1/2}$は，温度$T$で熱平衡に達している原子集団の物質波としての性質を示す長さで，温度Tでの平均速度をもった原子のドブロイ波長，特に熱的ドブロイ波長と呼ばれている．h，m，k_Bはそれぞれ，プランク定数，原子質量，ボルツマン定数，である．このBECの実現以来，原子物理学，量子エレクトロニクスの分野のみならず，低温物理学，統計物理学，原子核物理学，などの研究者を巻き込んで急速な勢いで研究が進み，2001年度のノーベル物理学賞は，希薄な気体状のアルカリ原子のボース・アインシュタイン凝縮の実現とその基礎研究に対して与えられたことは，記憶に新しい．たとえば，これまで液体ヘリウムの系しかなかった超流動研究が，このボース・アインシュタイン凝縮を用いて数多く行われ，超流動現象の理解が大いに進むなど，低温物理学において大きな進歩をもたらした．超流動とは，原子が摩擦なく運動している状態で，電子対が超流動している状態が，よく知られている金属の超伝導状態に対応する．また，ボース粒子だけではなく，フェルミ粒子に対しての量子縮退状態であるフェルミ縮退状態もカリウム原子，リチウム原子に対して実現し，さらには，長寿命の分子ボース・アインシュタイン凝縮の生成にも成功したことが報告されている．さらに，これらの超低温フェルミ原子を用いて，金属における超伝導状態と本質的に同じ状態，すなわちフェルミ原子がペア（クーパーペア）を形成してボソンとして振舞い，それが超流動状態となっているもの，いわゆるバーディー

表3 これまでに実現した原子の気体のボース・アインシュタイン凝縮.

1995 年	^{87}Rb, ^{23}Na, ^{7}Li
1998 年	^{1}H
2000 年	^{85}Rb
2001 年	^{41}K ^{4}He*
2003 年	^{133}Cs ^{174}Yb
2005 年	^{52}Cr

アルカリ原子はすべてボース・アインシュタイン凝縮が達成されている．そのほかに，水素原子，準安定励起状態のヘリウム原子，クロム原子，そして希土類元素のイッテルビウム原子について，ボース・アインシュタイン凝縮が生成されている．

ン・クーパー・シュリーファー（BCS）状態が，極低温への冷却とともに，磁場を用いて原子間の相互作用をコントロールすることにより実現され，その詳しい振舞いがさまざまな手法で研究されてきている．このように，レーザー冷却原子を用いた量子縮退の研究の勢いは，いまだ止まるところを知らない．

こうしたこれまでのレーザー冷却原子を用いたボース・アインシュタイン凝縮は，そのほとんどがアルカリ原子についてである．表3を参照していただきたい．水素原子及び準安定励起状態のヘリウム原子のボース・アインシュタイン凝縮も報告されているが，実効的に1電子系であるという意味では，アルカリ原子と基本的には変わらない．クロム原子の場合も基底状態に電子スピンが存在しており，その意味ではアルカリ原子系と変わらないが，磁気モーメントはアルカリ原子の6倍もあり，その大きな磁気モーメントに注目した発展が期待されている．また，我々は，2003年に希土類元素のイッテルビウム原子のボース・アインシュタイン凝縮を生成することに成功したが，これは他のものとは大きく異なる性質があり，大変注目を集めている（本章5節）．

3. 希薄な原子の量子気体の特徴

希薄な原子集団からなる気体の状態で実現したボース・アインシュタイン凝縮を用いて，極めて定量的に実験研究を行うことが可能になり，ボース・アイン

シュタイン凝縮現象の本質的理解を深めることができた．それを可能にしたのは，理論と実験の優れた対応，高感度検出，優れた操作性，などの特徴があるからである．これらの特徴を以下でもう少し詳しく見ていくことにする．

まず，希薄な気体の状態であるため，原子間相互作用として，2つの原子間の相互作用のみを考慮すれば十分である．この様な系を取り扱う理論としては，平均場を用いたというグロス・ピタエフスキー方程式というものが以前から知られている．これは，凝縮体の波動関数に関する方程式であって，ボース・アインシュタイン凝縮体の振舞いを非常によく記述している．特に，$U=2ha/m$ という項がこの方程式には現れるが，この項が相互作用を表している．この項のためにグロス・ピタエフスキー方程式は非線形シュレディンガー方程式の形をしている．ここで a は s 波散乱長と呼ばれる，原子間相互作用を特徴つける量である．これが正のとき，原子間相互作用は斥力に対応し，負のときに引力に対応する．この信頼できる理論と，精密な実験とが揃うことにより，理論と実験の比較を極めて定量的に行うことが可能になり，物理が発展することができた．

また，この系では原子を扱っているため，原子の豊富な内部自由度，すなわち，原子の多数のエネルギー準位を利用することが可能である．特に，光の吸収線を使うことにより，ボース・アインシュタイン凝縮体の振舞いの非常に高感度・高精度な観測が可能になっていることも大きな利点である．ボース・アインシュタイン凝縮体の空間分布や運動量分布が CCD カメラによる 2 次元画像として観測でき，さらに，光と原子の相互作用を巧みに利用することにより，非破壊的にボース・アインシュタイン凝縮体の動的振舞いを観測することすら可能になっている．

こうした原子の豊富な内部自由度は，また，優れた操作性というこの希薄な量子気体の系の最も重要な特徴も与えてくれる．たとえば，よく用いられるアルカリ原子は，最外殻に電子が1つあるという，いわゆる1電子系原子である．その結果，基底状態および励起状態に電子スピンが常に存在している．電子スピンに磁場を加えた場合，電子スピンは，コマのように磁場の周りを才差運動し始めるわけであるが，これは，電子スピンが磁場に応答するモーメント，すなわち磁気モーメントをもっているためである．これを利用して，空間的に変化している磁場を原子に加えることで原子を空間的に閉じ込める，いわゆる磁気トラップ法が

可能になる．これは，前出の磁気光学トラップと違って，光の吸収や放出を利用していないため，この磁気トラップされた原子を用いて後述のようにボース・アインシュタイン凝縮に至るほどの100nK台までの冷却が可能になる．また，この電子スピンと，原子核のスピンとの相互作用，すなわち超微細相互作用が存在するため，ある特定の磁場の値で，いわゆるフェシュバッハ共鳴と呼ばれる現象が起こり，これによって，磁場による原子間相互作用の制御が可能になる．すなわち，磁場の値をわずか数10ガウス程度変化させるだけで，原子間相互作用をほとんどゼロにしたり，極めて大きい斥力にしたり，極めて大きい引力にしたりということが，しかも連続的に，可能となるのである．このような操作性は，他の固体や液体の量子凝縮系では不可能なことである．さらに，スピンの存在は，スピン自由度をもったボース・アインシュタイン凝縮，いわゆる，スピノールボース・アインシュタイン凝縮という新たな研究分野も提供している．

　また，光と原子の相互作用は，また，光により原子をトラップすること，いわゆる光トラップを可能にする．これも，前述の光の吸収や放出を利用した磁気光学トラップと違い，光の分散を利用していて，原子はほとんど光を吸収しない状況でも原子に大きな力を与えて閉じ込めることができる．これまでに，さまざまな光の配置に対応した，さまざまな光トラップが開発されてきている．

　特に重要なものとして，光格子というものがある．これは光の定在波による光トラップであるが，原子にとって光の波長の半分の周期の周期的な格子状ポテンシャルが形成されている．この光でできた周期ポテンシャルは，結晶によって作られた固体中の格子との類似性から，特に光格子という名前で呼ばれている．この類似性は非常に重要で，最近，ボース・アインシュタイン凝縮をこの光格子に導入した実験が行われ，光の強度を調整することにより，ある格子点から隣の格子点への原子の移動のしやすさをコントロールして，いわゆる，超流動—モット絶縁体転移を観測することに成功している．これは，すなわち，ボース・アインシュタイン凝縮状態の原子が各格子点を自由に移り変われる状態（超流動状態）から，原子間の斥力相互作用のために原子が各格子点に局在してしまっている状態（モット絶縁体）への相転移を実現した，ということである．ここで実現したモット絶縁体では，たとえばある格子点の原子の振舞いは，隣の格子点に原子があるか，ないかによって，大きく左右されている状態となっており，このモット絶縁

体はいわゆる強相関系といわれるもので，凝縮系物理学の中でも興味深い系として大変注目されているものである．こうした研究の発展は，原子物理学の取り扱う領域が，もはや原子同士が強く相関しあう，本質的に多体系にまで及んできた，ということを意味し，極めて印象的である．現在，十分低温まで冷やされたフェルミ原子を光格子に導入する実験も行われており，これはまさに固体中の電子の系と同じモデル（ハバードモデル）で記述される系となる．原子の系では電子の系と違って，不純物や格子欠陥がない，理想的な系を提供することが可能であり，また，原子間相互作用や格子間の移動レートも光の強度などにより自由にコントロールすることができる，という極めて優れた特徴を備えている．したがって，原子系を用いて，強相関系の物理のシミュレーションができることになり，これにより，たとえば未だ統一的な理解にいたっていない，銅酸化物の高温超伝導発現機構の解明につながると期待されている．

4. ボース・アインシュタイン凝縮の生成

以上に挙げた原子のボース・アインシュタイン凝縮やフェルミ縮退は，レーザー冷却法のみによって達成されたわけではない．光の吸収を伴うレーザー冷却法は，数 μK（マイクロケルビン）程度までの低温や $10^{12}/cm^3$ 程度の原子密度の原子集団を得るのには大変有効な方法であるが，それ以上の低温や高密度を得る方法としては，都合が悪い．まず，原子が光を吸収・放出という過程を繰りかえしていることに起因して，最低でも，原子は光子1個分の運動量を持つようになる．これが原子の温度の限界を与え，それは通常数百 nK（ナノケルビン）程度になる．また，高密度集団に共鳴に近い光を入射したときには，トラップ中の原子の自然放出光を別の原子が吸収してしまい，原子間に実効的な反発力が働き，更なる高密度化が抑制されてしまう．そこで超低温までの冷却法が必要となる．アルカリ原子では，まずあらかじめレーザー冷却法により低温・高密度にした原子集団を，前述の空間的に不均一な磁場と原子の磁気モーメントの相互作用による磁気トラップ法を用いて閉じ込める。ここで，高温の原子を選択的にトラップから逃がすことによって，トラップに残った原子集団の温度を下げる，ということ

を行う．これは，蒸発冷却法と呼ばれ，通常百 nK 程度のボース・アインシュタイン凝縮やフェルミ縮退への転移温度に成功している．

一方，最近になって，全光学的方法によって，原子のボース・アインシュタイン凝縮やフェルミ縮退を実現できることが報告されている．これは，蒸発冷却を採用したうえで，そのトラップの「器」として光トラップを利用するというものである．この光トラップにおいては，レーザー光を用いてはいるものの，吸収を利用しているわけではなく，加えた光による原子のエネルギー準位のシフト，いわゆるライトシフト（AC シュタルク効果）を利用するものであり，磁気トラップと同様に保存力によるトラップになる．したがって，全光学的方法においては，レーザー冷却により予備冷却したのち，磁気トラップではなく，光によるトラップに導入し，そこで光強度を徐々に低くしていくことにより蒸発冷却を行い，量子縮退領域の超低温原子集団を実現させている．これまでに，ルビジウム（Rb）原子ボース・アインシュタイン凝縮，セシウム（Cs）原子ボース・アインシュタイン凝縮，リチウム（Li）原子フェルミ縮退，そして2電子系原子であるイッテルビウム（Yb）原子のスピンの無い状態でのボース・アインシュタイン凝縮が実現されている．

本節において，どのようにして，ボース・アインシュタイン凝縮が生成されているか，筆者のグループの最近のルビジウム 87 原子（^{87}Rb）の全光学的ボース凝縮体生成を例にとって説明したい．^{87}Rb 原子は，散乱長 $a=5.8$nm と大きく，したがって弾性衝突断面積 $\sigma=8\pi a^2$ も大きい．一方，非弾性衝突レートは小さく，蒸発冷却にとっては非常に適した原子である．

4.1　磁気光学トラップ

まず，磁気光学トラップ法により 10 億個程度の多数個の原子を超高真空中に集めることから実験は始まる．磁気光学トラップ光のビーム直径を約 5cm と広くすることにより，超高真空領域で行う磁気光学トラップのみで十億個の原子を集めることに成功した．

4.2 光トラップ

光トラップ用光源として炭酸ガスレーザー（波長10.6μm）を用いた．このレーザー光を半径約50μmまでフォーカスし，磁気光学トラップにトラップされた原子集団に空間的に重ねた．50Wの出力の炭酸ガスレーザーを2台用意し，それぞれのビームの強度を独立に変えられるようにした．この2本の光をそれぞれのフォーカス点で重ねることで，いわゆる，交差型光トラップを実現した．このときトラップ深さは約100μKで，平均トラップ周波数は780kHz，原子数は約200万個，原子密度は約$1.8\times 10^{14}/cm^3$，温度は約25μK，であった．特に，$10^{14}/cm^3$という原子密度は，予想よりも極めて高いものであった．最初に述べた通り，磁気光学トラップ光が存在しているときには，このような高密度原子集団は形成されないはずである．我々は，これは原子間衝突によって生成されていることを明らかにした．この実験は，トラップ形状を変形させることにより位相空間密度を上昇させている，とみることもできる．

一般に，光トラップでは原子の吸収線から大きく波長のずれた，非共鳴光を用いるが，それでも，光の吸収・散乱はゼロではない．光散乱により，加熱やトラップロスを引き起こしてしまう．深いポテンシャル中で長い時間を要する蒸発冷却のときには特に注意が必要である．一方，炭酸ガスレーザーによる光トラップは，多少事情が異なる．この場合は，特に準静的光トラップとよばれている．炭酸ガスレーザーの波長は10.6μmと非常に長い．可視領域の吸収線の共鳴波長に対しては一桁も長いため，ほとんど静電場とみなすことが可能である．したがって，炭酸ガスレーザーによる光トラップでは，光の吸収・散乱は無視できるほど小さい．これは長時間の蒸発冷却を行ううえで大きな利点である．

4.3 蒸発冷却

蒸発冷却では原子間衝突による熱平衡化を利用しているため，衝突断面積が小さいもしくは原子の密度が低い場合には，熱平衡化が遅くなり，効率よく蒸発冷却するには比較的長い時間を要する．磁気トラップを用いた場合では通常1分程度かけて，徐々に冷却を行う．光トラップ中では，最初の段階から高密度である

トラップから解放した後測定までの時間

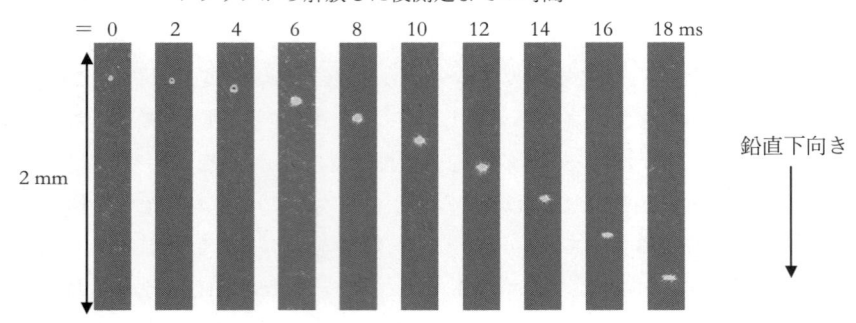

= 0　2　4　6　8　10　12　14　16　18 ms

2 mm

鉛直下向き

図2　ルビジウム原子のボース・アインシュタイン凝縮の空間分布．炭酸ガスレーザーによる光トラップから開放した後の空間分布を示している．トラップから開放後測定までの時間を直後（0 ms）から 18 ms まで 2ms ごとに変化させて撮影したスナップショットを連ねている．重力によって自由落下している様子とともに，16 ms 以降では，ボース・アインシュタイン凝縮体に特徴的な，非等方な広がりを示しているのがわかる．

ため，10 秒程度の比較的短時間で済むことになる．

前述した交差型光トラップの配置で，約 4 秒かけて水平および垂直の光強度を徐々に下げることで蒸発冷却を行った．これにより，温度は約 800nK 以下に冷却することができ，約 2 万個の原子からなるボース・アインシュタイン凝縮を生成することができた．

実験結果を図 2 に示す．これは飛行時間（TOF）信号と呼ばれるものであり，蒸発冷却を施した後に光トラップから開放し，一定時間自由運動させた後の空間分布を測定したものである．したがって，光トラップ解放直前の運動量分布を反映したものになる．非等方な分布が，ボース・アインシュタイン凝縮の証拠であり，ボース・アインシュタイン凝縮の転移前では，温度は低くても等方的である．

5. イッテルビウム原子のボース・アインシュタイン凝縮生成実験

表 3 に示したように，これまでのレーザー冷却原子を用いたボース・アインシュタイン凝縮は，そのほとんどがアルカリ原子についてであった．我々はここ数年，広く用いられてきたアルカリ原子ではなく，希土類のイッテルビウム原子

のレーザー冷却の研究を行ってきた．イッテルビウム原子はパリティー非保存の研究や永久電気双極子モーメントの探索による時間反転対称性の破れの検証，さらに原子時計への応用など幅広く興味を持たれている原子である．イッテルビウム原子のレーザー冷却研究を推し進めていった結果，最近，我々はこのイッテルビウム原子のボース・アインシュタイン凝縮を全光学的に生成することに成功した（口絵4）．イッテルビウム原子は，アルカリ土類原子と同様な2電子系の原子であり，図3のようなエネルギー準位構造を持つ．イッテルビウム原子のボース・アインシュタイン凝縮は，これまでのアルカリ原子のボース・アインシュタイン凝縮にはないさまざまな魅力的な特徴を備えているため，単にボース・アインシュタイン凝縮することができた原子種が1つ増えたという以上の意味を持っている．本節では我々のイッテルビウム原子のボース・アインシュタイン凝縮生成実験を紹介したい．

5.1 磁気光学トラップ

実験の第一段階は，前述のルビジウム原子の場合と同様で，磁気光学トラップである．イッテルビウム原子は，アルカリ土類原子と同様な2電子系の原子であり，前述の通り，図3のようなエネルギー準位構造を持つ．このアルカリ原子と大きく異なるエネルギー構造のため，ドップラー冷却法による最低到達温度は$4.4\mu K$と非常に低い，という利点がある．実験を行った結果は，原子数は約1億個，原子密度は約$10^{12}/cm^3$，温度は約$10\mu K$，トラップ寿命は約100秒，であった．この段階で，位相空間密度は10^{-5}となっており，ボース・アインシュタイン凝縮を作るのには，かなりいい初期条件となっている．

5.2 光トラップ

イッテルビウム原子の基底状態には電子スピンがないために，アルカリ原子に対して有効な磁気トラップ法を適用することはできない．したがって，イッテルビウム原子の保存力によるトラップを実現するには，光トラップが唯一の方法である．我々の実験では，2本の光トラップのためのレーザー光をそれぞれのフォー

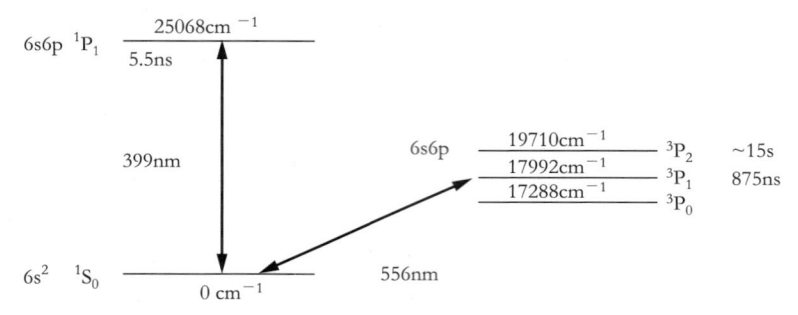

```
6s6p ¹P₁  ──── 25068cm⁻¹
           5.5ns
              ↕
           399nm                    6s6p  ──── 19710cm⁻¹  ³P₂   ~15s
                                          ──── 17992cm⁻¹  ³P₁   875ns
                                          ──── 17288cm⁻¹  ³P₀
6s² ¹S₀   ────  0 cm⁻¹    556nm
```

図3 イッテルビウム原子のエネルギー準位．2つの最外殻電子のスピンが反対向きのスピン1重項状態とスピンの向きが揃ったスピン3重項状態がある．同じスピン多重項間の遷移が光双極子許容で強い遷移が可能であるが，異重項間遷移もスピン禁制ではあるが，弱いながら許容である．

カス点で重ねることで，ルビジウム原子の場合と同様に，交差型光トラップを実現した．このときトラップ深さは約 1mK で，原子数は約百万個，原子密度は約 $10^{14}/cm^3$，温度は約 100μK，であった．

5.3 蒸発冷却

さらに位相空間密度を上昇させるために光トラップ中のイッテルビウム原子の蒸発冷却を行った．最終的なボース・アインシュタイン凝縮生成の実験セットアップを図4に示す．この配置で，光強度を徐々に下げることで蒸発冷却を行った．これにより，約5千個の原子からなるボース・アインシュタイン凝縮を生成することができた．

確認は，ルビジウム原子の場合と同様に，蒸発冷却を施した後に光トラップから開放し，一定時間自由運動させた後の空間分布を測定した，いわゆる飛行時間信号を観測することにより行った．ボース・アインシュタイン凝縮の証拠である非等方な分布を観測することに成功した．また，転移温度近傍での原子の運動量分布を示したのが，図5である．温度が高いときは，ガウス分布でよく記述できるが，さらに温度を下げていくと純粋なボース・アインシュタイン凝縮原子のみの分布になる．

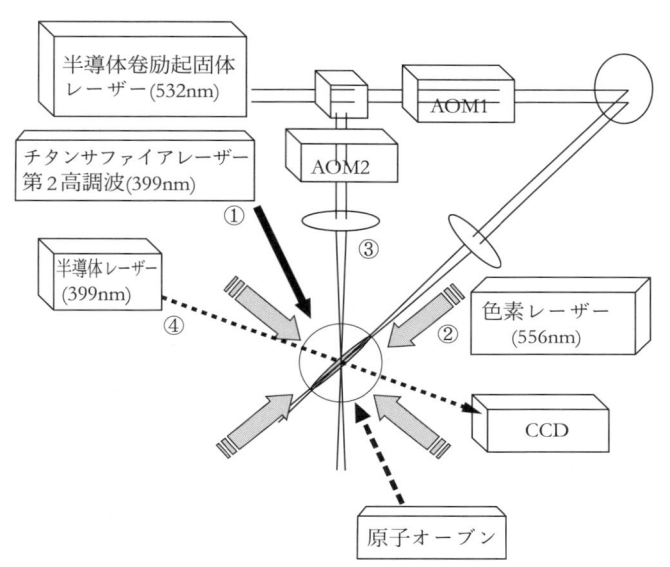

図4 イッテルビウム原子の全光学的ボース・アインシュタイン凝縮生成の実験装置.①チタンサファイアレーザーの第二高調波(399nm)によりオーブンからの高速原子を減速した後,②周波数安定化した色素レーザー(556nm)により磁気光学トラップする.その後,③高出力固体レーザー(532nm)による光トラップに移行して,蒸発冷却を行い,ボース・アインシュタイン凝縮を生成する.原子集団の振舞いは,④CCDカメラを用いた紫色半導体レーザー(399nm)による吸収イメージングにより測定する.

5.4 多様な量子縮退系

　イッテルビウム原子系にはボソンおよびフェルミオンを含む豊富な同位体が存在することも大きな特徴のひとつである.7つの安定同位体には,5つのボソンと2つのフェルミオンが存在している.これは,他のアルカリ原子やアルカリ土類原子にはない特徴である.このことは,今回我々が行った実験システムを用いて,他の同位体についても同様に実験を行える,ということを意味する.実際,これまでに,豊富な同位体のうちの3種類のボース同位体について,ボース・アインシュタイン凝縮体を生成することに成功している.実験系をほとんど変更することなく,3種類のボース・アインシュタイン凝縮体を生成できるのは,他の原子にはないことで,イッテルビウム原子系の大変ユニークな点であるといえる.ボソン同位体だけでなく,フェルミオン同位体 ^{171}Yb および ^{173}Yb についても冷

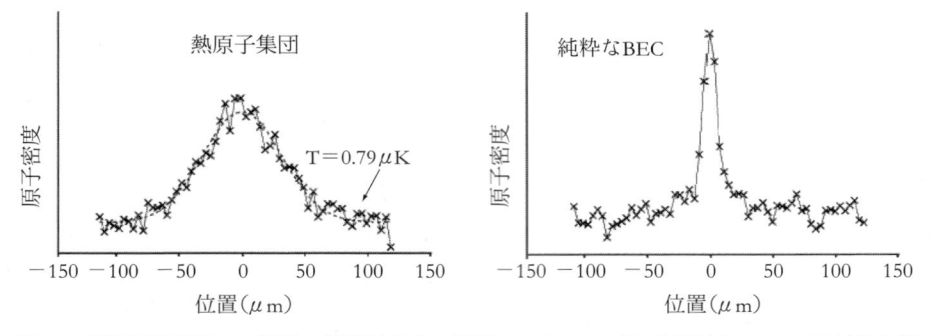

図5 転移温度近傍での原子の運動量分布．実際は，トラップから開放して 5ms ほど自由運動させた後の空間分布を示している．ボース・アインシュタイン凝縮相転移前（左）と相転移後（右）の信号を示した．

却実験を行い，ともに，フェルミ温度以下までの超低温に冷却することに成功している．

このようなボース・アインシュタイン凝縮や超低温フェルミ気体の振舞いを定量的に議論するときに，原子間相互作用に関する情報が，是非必要である．このため，我々は，光会合（フォトアソシエーション）の実験を行った．光会合とは，2つの原子の対に特定の波長の光を入射したときに分子が形成される現象のことである．この生成された分子の結合エネルギー，すなわち自由な2原子の状態と分子を形成している状態とのエネルギー差，を実験的に精度よく測定することによって原子間相互作用を決定することができる．この方法により，全ての同位体の原子間相互作用を非常によい精度で決定することができている．

6. 今後の展望

このようにして実現したイッテルビウム原子のボース・アインシュタイン凝縮体やフェルミ縮退には，どのような新しい可能性があるのであろうか？　まず，その2電子系のエネルギー準位に起因した特徴に着目してみよう．基底状態には電子スピンが存在しない．したがって，浮遊揺動磁場の影響を無視できるため，いろいろな物理量の精密測定などが期待できる．

さらに，ミリヘルツ台の非常に狭い線幅をもった光吸収線があり，これは次世代の原子時計として有望視されている．従来は，低温の熱原子集団を用いて実験が行われていて，熱運動が測定精度を制限してきた．光格子中の冷却イッテルビウム原子を使うことにより，測定精度の向上が望めると考えられている．この吸収線を用いて，ボース・アインシュタイン凝縮体やフェルミ縮退に対して，周波数分解能が極めてよいレーザー分光を行うのも大変興味深い．これにより，微弱な相互作用を分光学的に観測する新しい手段を提供することになり，可能性が大いに広がる．また，別の励起状態では，原子間相互作用が大変大きく，これを用いて，たとえば量子コンピューター（3章参照）を実現しようという提案もあり，大変注目を集めている．

　イッテルビウム原子系の多様なボソンおよびフェルミオン同位体に対応した多様な量子気体を実現し，その研究を行うことは，我々により深い量子気体の物理の理解をもたらすであろう．特にフェルミ縮退した原子集団を光格子に導入した系を生成して，これを，固体の結晶格子中の電子の系とみなし，そのシミュレーターとする研究は，最近非常に注目されていて，未だ統一的な理解が得られていない高温超伝導の機構の解明に大いに役立つかもしれない．こういった研究に対してもイッテルビウム原子の量子縮退系は，非常に適していると考えている．

関連図書案内

ペチック・スミス（町田一成訳）「ボース・アインシュタイン凝縮」吉岡書店，2005年
メスター（盛永篤郎，本多和仁訳）「原子光学」シュプリンガーフェアラーク東京，2003年
マジョール（盛永篤郎訳）「量子の鼓動」シュプリンガー・フェアラーク東京，2006年

第3章
光子どうしの相関を操る

竹内　繁樹

1. はじめに

「光子」とは，光の基本粒子である．最初に A. アインシュタインによって，黒体輻射や光電効果を統計的に説明するために，1905年提唱された．光子のエネルギーは，光の波長によって決まっていて，たとえば緑色の光（波長は 0.55μm）の光子は 3.6×10^{-19} J のエネルギーを持つ．

これはとてつもなく小さなエネルギーだ．たとえば，20W の電球からは，可視光で大体 2W 程度の光がでている．すると，この電球からは，毎秒 5×10^{18} 個，（500 京個，500 兆個の 1 万倍）の光子が飛び出していることになる．

アインシュタインによって指摘されるまで，この事に気がつかなかったのも無理がない．私たちが普段，水をコップで飲むときに，「水分子」1つ1つの存在を意識できるだろうか？　答えはもちろん「否」で，そこに見るのは水分子が無数の集団としてふるまう際の「流体」の性質だけだろう．それと同じように，私たちが普段触れる「光」のなかには余りにも多くの「光子」が含まれているため，その1つ1つの存在や性質には気がつくことができなかったのだ．

この章では，この「光子」を自在に操作する方法について紹介する．ちょうどナノテクノロジーの進展によって原子や分子を1つずつ制御しつつあるように，「光子」を1つずつ制御できるようになってきた．しかし，ここで「自在に操作」というのは，単に光子を1つずつ作り出したり，検出したりするだけではない．

たった1つの光子で,別の光子の状態を変化させる「光子のスイッチ」を作ろう,というものである.

今のコンピュータも,元をただせば,電気信号で別の電気信号の状態を変化させる「スイッチ」が数多く集まったものだ.もしも「光子のスイッチ」が完成すれば,電気信号の代わりに光子を用いるコンピュータが将来実現するかもしれない.

しかし,光子でもう1つの光子の状態を変化させるという話だが,じつはこれが全く容易ではない.というのは,光子はそのままでは,別の光子とはいっさい「相互作用」しないからである.

「相互作用」とは,文字のごとく互いに影響を及ぼしあうことである.たとえば,ここに2つの棒磁石があったとしよう.一方の棒磁石のN極を,他方のN極に近づけると,互いに反発する.これが「相互作用」である.このとき,一方の磁石のN極を近づけるか,S極を近づけるかで,他方の磁石をまったく別の状態にすることができる.このように相互作用があれば,一方の状態で他方の状態を変化させる,つまり「スイッチ」することが可能になる.

ところが,光子は真空中を伝搬している限り,互いに全く相互作用しない.他の光子の事はまったくお構いなしに,高速でまっすぐ伝搬する.このことは,天体望遠鏡を使って数百万光年はなれた銀河の姿をくっきりととらえられることからも分かる.もし,光子が別の光子と真空中で相互作用すれば,その状態や進行方向が変化してしまい,そのような像をみることはできないだろう.

2. 半透鏡の上で,光子どうしをぶつける

しかし,1980年代に入ると,光子と光子を相互作用させる実験がC. K. ホン,Z. Y. オウ,L. マンデルらによって行われた.その実験について見てみよう.

図1に,実験を模式的に示した図を示す.彼らは,パラメトリック下方変換(後で詳述)という方法で発生させた2つの光子を,半透鏡に向かって発射した.半透鏡は,光をちょうど50%反射し,50%透過するような性質をもった鏡である.彼らは,入射した光子の一方が反射された場合,もう一方の光子が透過した際に

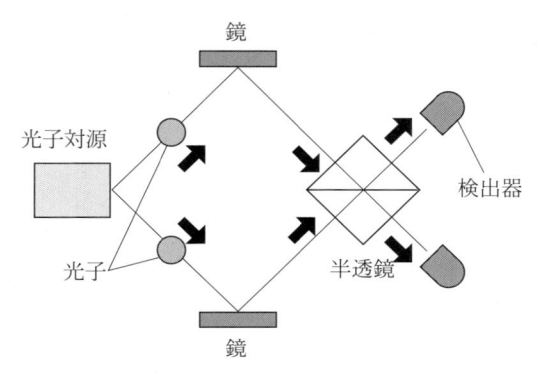

図1　ホン・オウ・マンデルの実験系

たどる経路と全く同じ経路をたどるように調整した．そして，半透鏡から出力された光子を，それぞれの経路に設置した光子検出器で検出した．そして，半透鏡の位置を微妙に変化させることで，2つの光子が半透鏡に到達するタイミングを変えながら，それぞれの検出器が同時に検出信号を出した回数をカウントした．

　この実験で，入射された2つの光子が半透鏡でどのように振る舞うかについて，4つの過程を図2に書き出してみた．(a)，(b)はそれぞれ両方の光子とも反射される場合，および透過する場合に，(c)，(d)は一方が透過しもう一方が反射される場合である．検出器が同時に検出信号を出すのは，2つの光子が別々の方向に出力される，(a)，(b)の場合である．いま，それぞれの光子が相手に関係なく，1/2の確率で半透鏡により反射されるとしよう．すると，(a)の状態，つまり2つとも透過する確率は，1/2の2乗で1/4である．同じように，(b)の状態，つまり2つとも反射されるのも1/4の確率．結局，2つの光子がそれぞれ別の方向に出力されるのは，それらをあわせた，1/2の確率ということになる．

　図3に，彼らの行ったのと同様の実験を我々の実験室で再現した結果を示す．図から分かるように，入射する時刻差が0に近づくと，同時にカウントする率が急に下がり，時刻差が0ではほぼ0になっている．つまり，2つの光子を半透鏡に同時に入射すると，光子が別の方向に1つずつ出力されることはない．つまり，図2にあげた4つの過程の内，(a)と(b)は生じず，かならず(c)と(d)のように，2つの光子はまとまって一方の方向に出力されているのである．

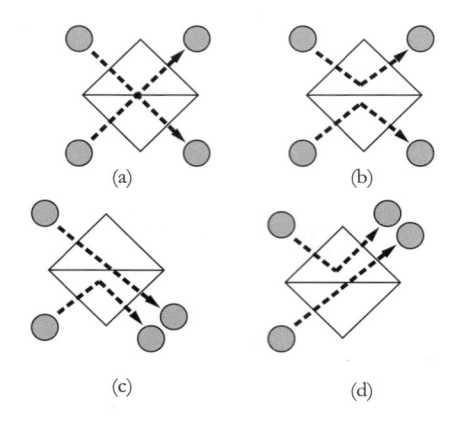

図2 半透鏡に2つの光子が別々の方向から入力された時の各過程．(a) 両方とも透過 (b) 両方とも反射 (c) と (d) 一方が透過でもう一方が反射

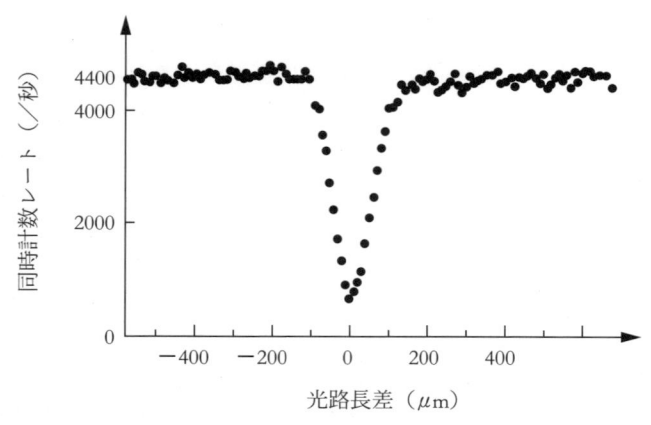

図3 ホン・オウ・マンデル型実験の結果．同時に光子が入射すると（光路長差がゼロのとき），二検出器が同時にカウントするレートがほぼゼロになる．

3. 1つの光子の干渉

量子力学によると，この現象は，「2つの光子が半透鏡で両方とも反射される」過程（図2a）と，「2つの光子が両方とも半透鏡と透過する」過程（図2b）が互いに打ち消しあうように干渉した結果として説明できる．ただ，その説明に入る前の準備として，「光子1個の干渉」について説明しよう．

今，図4のような光回路を考える．入力Aから入射した光は，半透鏡で上下2つの経路に分かれる．その後，鏡でそれぞれ反射され，また半透鏡で干渉して出力される．この際，図1の場合と同様に，2つめの半透鏡の位置や角度は，上下2つの経路が完全に重なって出力されるように調整しておく．このような装置のことを干渉計とよぶ．じつは，この干渉計の上側と下側の経路の長さを全く同じにした状態で，入力Aから光子を一つ入射すると，その光子は必ず検出器Bで検出される．これを，量子力学を用いて考えてみることにしよう．

量子力学では，ある「過程」や「事象」が生じる確率を計算するのに，「確率振幅」という概念を使う．その確率振幅は，複素数の値をとり，その絶対値の2乗が，その過程が生じる確率を表す．その使い方を具体的に見てみよう．まず，光子は最初の半透鏡を通過した際に，「透過する過程」と「反射される過程」の2つの過程に分かれる．そのため，確率振幅の大きさ（絶対値）は，それぞれ1/2の平方根である，$1/\sqrt{2}$になる．

その際，反射される過程は，透過される過程にくらべて位相が4分の1周期ずれる．これは，複素確率振幅で表すと「i」にあたる．いいかえると，光子は一度半透鏡で反射されるごとに，確率振幅に「i」がかかることになる．

では，検出器Aに光子が出力される場合について考えてみよう．このような場合は，最初の半透鏡で反射され，また2つ目の半透鏡でも反射される場合（図5 (a)），または，最初の半透鏡を透過し，2つ目の半透鏡も透過する場合（図5 (b)）の2通りの場合がある．よって，検出器Aで光子が検出される確率を求めるには，これら2つの過程の確率振幅を足しあわせればよい．

これら2つの過程は確率振幅の大きさは，2つの半透鏡を透過または反射する際に，2回$1/\sqrt{2}$がかかるため，1/2になる．しかし，上側の経路をたどる(a)の

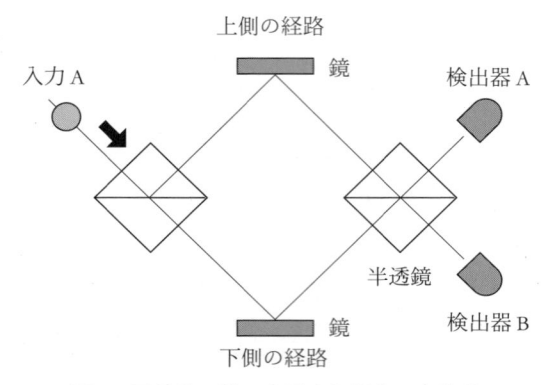

図4 干渉計に単一光子を入射する実験系

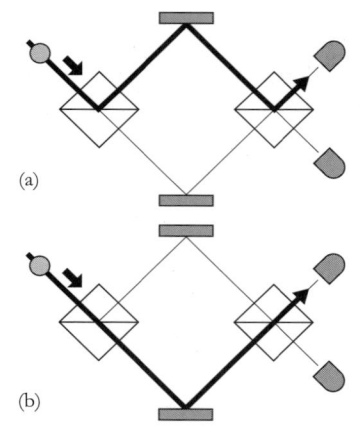

図5 検出器Aで光子が検出される場合の各過程．(a) 上側の経路を通る場合 (b) 下側の経路を通る場合

場合は，光子は2回とも反射される．よって，反射されるごとに，確率振幅に「i」がかかるため，トータルで確率振幅に「−1」がかかる．一方，下側の経路をたどる (b) の場合には，光子は二回とも半透鏡を透過する．このため，確率振幅はプラスのままである．まとめると，2回とも反射される場合 (a) は−1/2，2回とも透過する場合 (b) は 1/2 である．結局，検出器Aに光子が出力される過程の確率

振幅は，この2つの確率振幅を足しあわせた物，つまり0，となる．よって，検出器Aで光子が検出されることはない．

4. 2つの光子の干渉

では次に，ホン・オウ・マンデルの実験において，2つの光子がそれぞれ別々の方向に出力されなかった理由を説明しよう．

2つの光子がそれぞれ別々の方向に出力されるのは，両方の光子が半透鏡を反射する場合（図6（b））と透過する場合（図6（c））だ．2つの光子がそれぞれ別々の方向に出力される確率振幅をもとめるには，それぞれの過程の確率振幅を求めて，足しあわせればよい．

まず，図6（c）の過程の確率振幅について考えよう．この場合，2つの光子ともが半透鏡を透過する．そのため，全体の確率振幅の大きさは，1つの光子が半透鏡を通過するたびに$1/\sqrt{2}$がかかるので，2つの光子分で1/2になる．また，両方の光子とも半透鏡を透過するため，位相はプラスのままだ．よって，この過程の確率振幅は，プラス1/2である．

次に，図6（b）の確率振幅を考える．この場合，光子は2つとも半透鏡で反射される．よって，確率振幅の大きさは1/2となり，両方とも反射される場合と同じだ．しかし，その位相が異なってくる．干渉計に光子を入射した場合の説明（前節）で説明したように，光子が反射される際には位相iがかかる．図2（b）の場合には，2つの光子が両方反射されるので，この位相iが2回かかることになる．つまり，位相は，iの2乗で-1になる．まとめると，両方の光子が反射する場合の確率振幅は，マイナス1/2になる．

結局，2つの光子がそれぞれ別々の方向に出力される確率振幅は，それぞれの確率振幅，プラス1/2とマイナス1/2を足しあわせ，0になる．つまり，「光子がそれぞれ別の方向に出力される確率」は，0ということになる．これが，ホン・オウ・マンデルの実験で，時間差が0のところで同時検出が生じなかった理由である．

5. 光子で光子をスイッチする

このように，真空中ではまったく相互作用しない光子も，半透鏡に同時に入射することで，相互作用が可能になることを見た．しかしこの相互作用は，2つの光子をいわば「くっつけてしまう」ものだ．このままでは，一方の光子の状態で他方の光子の状態を制御する「光子スイッチ」を実現することはできない．そこで，私たちが注目したのは，半透鏡の反射率だった．先ほどの例では，半透鏡の反射率は50％，つまり1/2だった．私たちは，これを1/3にすることで，一種の「光子スイッチ」が可能になることに気が付いた．それをこれから説明しよう．

半透鏡の反射率が1/3の場合について，さきほどと同じように「光子がそれぞれ別の方向に出力される場合」の確率振幅を求めてみよう（図6）．このとき気を付けなくてはならないのは，半透鏡の反射率が1/3になったため，さっきまでと異なり，確率振幅の大きさが違ってくることである．光子が半透鏡を反射すると，確率振幅の大きさは$1/\sqrt{3}$倍され，かつ位相iが付く．それに対して，半透鏡を透過すると，確率振幅の大きさは$\sqrt{2/3}$倍され，位相は変化しない．その点に注意しながら，以下の計算につきあって欲しい．

光子がそれぞれ別の方向に出力されるのは，やはり両方の光子とも反射される場合，および，両方の光子が透過される場合，の2通りある．まず，両方の光子ともが半透鏡で反射される場合（図6（b））について考えよう．この場合，2つの光子がそれぞれ反射されるたびに，振幅の大きさは$1/\sqrt{3}$倍され，かつ位相iがかかる．よって，確率振幅は，マイナス1/3になる．

次に，両方の光子が半透鏡を透過する場合（図6（c））について考えよう．この場合，2つの光子が半透鏡を透過する度に，振幅の大きさは$\sqrt{2/3}$倍になり，位相は変化しない．よって，この過程の確率振幅はプラス2/3だ．よって，光子がそれぞれ別の方向に出力される確率振幅は，それらの合計でプラス1/3になる．

ここで注意して欲しいのは，この確率振幅が，「光子が両方とも反射される過程の確率振幅」にくらべて，振幅が1/3と同じだが，位相がマイナスになっていることだ．この事をうまく使うと，一方の光子で別の光子をスイッチすることが

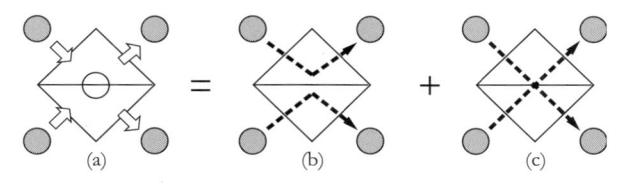

図6　半透鏡に2つの光子が別々の方向から入力され，かつ
別々の方向に出力される場合の確率振幅の計算方法

可能になる．

　図7が，その「光子スイッチ」の回路図だ．スイッチは，半透鏡が4つ使われた干渉計でできている．その4つの半透鏡のうち，半透鏡1と4は反射率が1/2，また半透鏡2と3は，反射率が1/3の物を使用する．この4つの半透鏡の中でもっとも重要なのは，半透鏡3である．このスイッチの目的は，制御光子を用いて，信号光子が検出器Bの方向，検出器Cの方向いずれに出力されるかを制御することだ．

　ここでは，「入力された光子は検出器Bまたは検出器Cのどちらかで検出され，また制御光子が同時に入力されていた場合には，検出器BまたはCに加えて，検出器Aでも光子が検出される」場合を考える．実際には，信号光子のみが入力された場合に，光子が検出器AやDの方向に出力される場合などもあるが，そのような場合は「失敗」として無視することにする．

　そのような場合だけで考えたとき，制御光子が存在しない場合には，光子は検出器Bではなく，検出器Cで必ず検出される（図8(a)）．そして，制御光子がある場合には，信号光子は逆に検出器Cではなく検出器Bでかならず検出される（図8(b)）．つまり，制御光子によって，信号光子の出力先を「スイッチ」できるのである．

　つぎに，この仕組みについて説明しよう．まず，「制御光子が存在しない場合，失敗の場合（入力された信号光子が検出器Aや検出器Dの方に向かう場合）を除いて，かならず検出器Cに光子は出力され，検出器Bでは光子は検出されない」ことを示そう．この場合は，干渉計に光子を一つ入射した場合（図4）と全く同じように考えることができる．つまり，半透鏡1，半透鏡3，半透鏡4のすべてで反射

第3章　光子どうしの相関を操る　　53

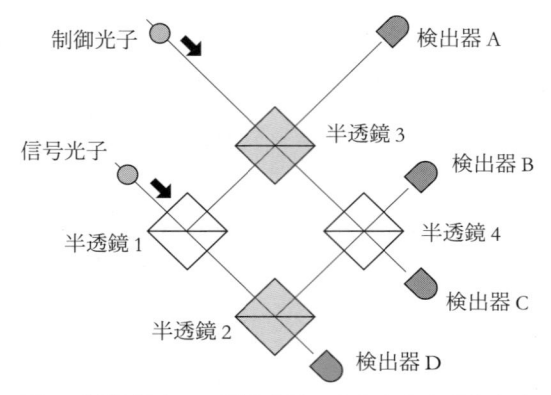

図7 制御光子で，信号光子の出力方向を変化させる光子スイッチ．

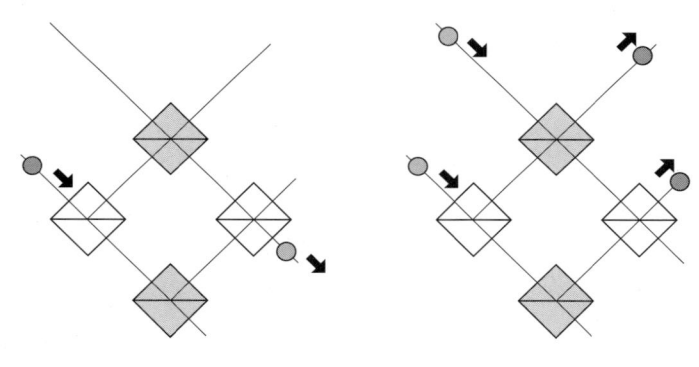

(a) 制御光子が無い時　　　　　(b) 制御光子がある時

図8 光子スイッチの動作．検出器B，あるいはCで光子が検出される場合で，かつ，制御光子が入力された際にはかならず検出器Aで光子が検出される場合だけを考える．制御光子が存在しなければ，検出器Bでは光子は決して検出されないが，制御光子が存在する場合は，逆に検出器Cでは光子は決して検出されない．

されながら検出器Bに向かう過程の確率振幅と，半透鏡1，4は透過し，半透鏡2だけで反射される確率振幅を計算すると，互いに同じ大きさの振幅（$1/2\sqrt{3}$）をもち，互いに符号が逆になる．よって，それらの和である検出器Bに向かう確率振幅は，0である．図4の時と異なり，図6の検出器Cで検出される確率は1/3

で，1にはならない．これは，入力された信号光子が検出器 A や検出器 D の方に向かって失われてしまう確率（2/3）があることに対応している．

つぎに，「制御光子が存在する場合，失敗の場合（検出器 A で光子が検出されなかったり，検出器 B または C で光子が検出されない場合）を除き，かならず検出器 B に光子は出力され，検出器 C では光子は検出されない」ことを示そう．

反射率が 1/3 の半透鏡に光子が 2 つ同時に入射した場合，2 つの光子が別々の方向に出力される確率振幅は，単に光子が両方とも反射される過程の確率振幅にくらべて，振幅は 1/3 と同じだが，位相がマイナスになっていたことを思い出してほしい．これは見方を変えると，「他方の光子がその半透鏡で反射される過程の振幅にマイナスが掛かる」ことになる．

この状況で，図 7 の検出器 B, C に光子が向かう確率振幅を考えてみよう．光子が半透鏡 1，半透鏡 3，半透鏡 4 のすべてで反射されながら検出器 B に向かう過程の確率振幅は，さきほどに比べて半透鏡 3 のところで（制御光子との量子干渉により）マイナスが掛かる．一方，光子が半透鏡 1 → 半透鏡 2 → 半透鏡 4 を経由する過程の確率振幅には変化がない．そのため，制御光子が存在しなかった場合と逆に，検出器 C に光子が向かう確率振幅が 0 になる．よって，光子は検出器 B へと向かうことになる．

今の説明は，1/3 の反射率の半透鏡 3 が，制御光子の存在によって信号光子の位相を変調するという見方での説明をした．もちろん，「信号光子と制御光子が入力された場合に，検出器 A と検出器 C に向かう確率振幅」を，そのようになるすべての可能な過程の確率振幅を計算することで求めることもできる．図 8 に，そのような 3 つの過程を示した．ここでは，計算の詳細は省略するが，このやり方でも，3 つの確率振幅を足しあわせると，その和が 0 になることが分かる．

このように，半透鏡での光子同士の干渉をうまく使うことで，光子で光子を制御するスイッチが作れることがおわかり頂けただろうか．

6. 光子の偏光を制御するスイッチ

図 7 は，制御光子があるか無いかによって信号光子の出力先を切り替える「光

子スイッチ」だった．つぎに，私たちの発案した，制御光子の偏光方向によって，信号光子の偏光状態を変化させる「光子偏光スイッチ」を紹介しよう．

　図10が，その「光子偏光スイッチ」である．これまでの図と光学部品の表記方法がすこし違うので注意して欲しい．PBSとあるのは，偏光ビームスプリッターと呼ばれる光学部品で，水平偏光（図で実線）は透過するが，垂直偏光（図で点線）は反射するような素子である．また，「R = 1/3」と付されているのは，反射率が1/3の半透鏡である．

　この光学回路は，「C_{in}とT_{in}に，制御光子と信号光子が入力され，かつ，C_{out}とT_{out}から光子が1つずつ出力される」場合にのみ働く．いま，制御光子は垂直か水平の偏光，信号光子は右回り偏光，あるいは左回り偏光が入力されるとしよう．その場合，制御光子が水平偏光の時のみ，T_{out}からの信号光子の出力は反転する．つまり

* 制御光子が垂直偏光　→　信号光子は変化しない
* 制御光子が水平偏光　→　信号光子の偏光は反転（右回り→左回り，左回り→右回り）

となる．実際には，C_{out}から光子が2つとも出力される場合や，回路の外側にある反射率1/3の半透鏡から光子が漏れ出てしまう（図中X印）場合があり，うまく働く（＝C_{out}とT_{out}から光子が1つずつ出力される）確率は1/9である．

　なぜこの光学回路がそのような動作をするのか，図10を用いて簡単に説明しよう．まず，制御光子（C_{in}に入射）が垂直偏光の場合．いま，偏光ビームスプリッタの部分での透過，反射による位相差は，適当に調整されているとしよう．一方，信号光子（T_{in}に入射）は，右回り偏光もしくは左回り偏光で入射される．実は，右回り偏光や左回り偏光は，垂直偏光と水平偏光が，ある特定の位相差で重ね合わさったものとして考えることができる．

　この場合，信号光子（T_{in}に入射）の垂直偏光成分と水平偏光成分は，偏光ビームスプリッタでそれぞれ別の経路に分けられた後，反射率1/3の半透鏡で反射され，そして偏光ビームスプリッタで合波される．どちらの経路でも，反射率1/3の半透鏡で反射されるだけであり，信号光子の水平偏光と垂直偏光の間に特別の位相差は生じない．よって，右回り偏光は右回り偏光，左回り偏光は左回り偏光

(a)　　　　　　　　　(b)　　　　　　　　　(c)

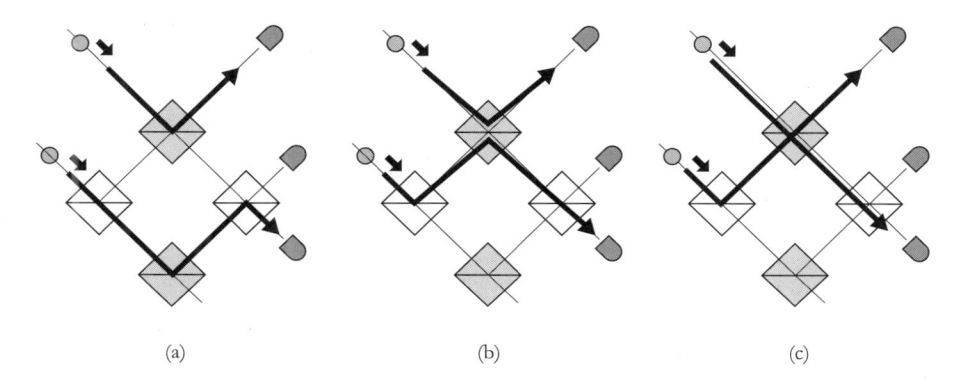

図9　制御光子が存在し，かつ，検出器Cで光子が検出される場合の3つの過程．

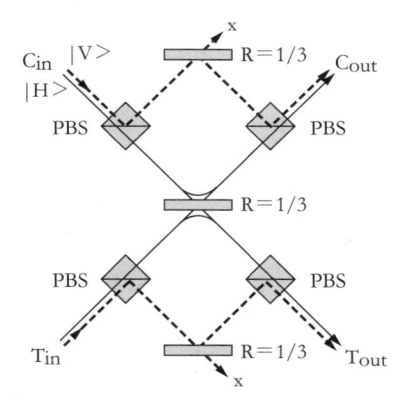

図10　光子偏光スイッチ回路．図で実線は水平偏光成分（H），点線は垂直偏光成分（V）の経路を表す．

のままだ．

　次に，制御光子（C_{in} に入射）が水平偏光の場合．この場合，最初の偏光ビームスプリッタの後，信号光子の垂直成分はさきほどと同様に反射率 1/3 の半透鏡で反射されるだけである．一方，水平偏光の成分も，中央にある反射率 1/3 の半透鏡で反射されるのだが，その際，その半透鏡の反対側からも，同時に制御光子が

第3章　光子どうしの相関を操る　　57

入射されることに注意して欲しい．この場合には，光子スイッチのところ（図6）でも解説したように，通常の単に反射する場合にくらべて確率振幅の位相にマイナスがかかる．よって，2つ目の偏光ビームスプリッタで合波された後の状態は，入力時にくらべて，水平偏光の成分と垂直偏光の成分の間の位相が逆になる．つまり，右回り偏光は左回り偏光に，左回り偏光は右回り偏光に変化する．

7. 光子偏光スイッチの実現と，双子の光子を用いた検証実験

　私たちは，図10の光学回路を，図11のようなさらに簡略な構成で実現できることに気が付いた．図の中でPPBSとは，部分偏光ビームスプリッタ（Partially Polarizing Beam Splitter）である．これは，偏光方向によって反射率が異なる特殊な半透鏡で，たとえばPPBS-Aは，垂直偏光はすべて反射するが水平偏光は1/3だけ反射，PPBS-Bは，水平偏光はすべて透過するが，垂直偏光は1/3だけ透過する，という性質を持っている．

　この簡略化によって，実際上は非常に大きなメリットがある．図10の回路では，それぞれの光路の長さを数nm（100万分の数mm）の単位で調整しなければならなかったが，図11の回路ではそのような調整が全く不要になることである．図10では，中央の半透鏡を挟んで，2つの偏光干渉計（図4を参照）が向かい合った構成になっている．さきほど説明したような偏光スイッチの動作を実現するには，それぞれの干渉計に含まれる2つの光路の長さを，つねに厳密に一致させる必要がある．これが至難の業であった．一方，図11の回路では，垂直偏光と水平偏光の成分はつねに同じ経路を通るため，そのような経路干渉計はいっさい必要ない．よって，より簡単に安定してスイッチを動作させることができる．

　図11には3つのPPBSが含まれているが，このうちもっとも重要なのは中央のPPBS-Aである．この部分で，制御光と信号光の間で2光子干渉が生じる．それに対してPPBS-Bは，水平偏光と垂直偏光の振幅を適当に調整するために用いられている，補助的なものである．

　我々は，この光子偏光スイッチの動作を確認する実験を行った．その実験装置が，図12と図13である．図12は，実験で用いる2つの光子を準備するため

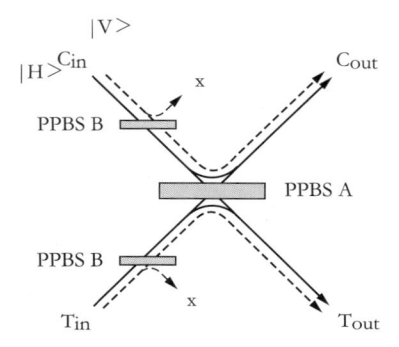

図 11 改良された光子偏光スイッチ回路．図で実線は水平偏光成分（H），点線は垂直偏光成分（V）の経路を表す．

の，2光子源である．BBOとは，特殊な非線形光学結晶（βバリウムボレート）で，この部分に強力な紫外線（波長351nm）を入射すると，その紫外線の光子が，半分のエネルギーを持った近赤外の光子（波長702nm）2つに変換される．エネルギー保存則により，これら2つの光子はまったく同時刻に発生する．この過程の事を，パラメトリック下方変換と呼ぶ．そのとき，それら2つの光子をある特定の方向（図中白矢印線で表示）に射出されるようにうまく条件を調整することができる．発生した光子は，鏡で反射した後，対物レンズを用いて光ファイバへと導入，偏光光子スイッチ検証用の光学回路へと送られる．

図 13 は，偏光光子スイッチ検証用の光学回路である．送られた2つの光子はそれぞれ赤線に沿いながらすすみ，PPBS-A に入射される．一方の経路が途中で折り曲がっているのは，この部分の長さを変えることで，PPBS-A に入射されるタイミングを調節するためである．また，PPBS-A に入射する前後には，偏光を任意の方向に変化させる素子が配置され，入射される前の光子の偏光状態を任意に選び，またどのような偏光で出力されたかを分析できるようになっている．それらの光子は最終的には再び対物レンズで光ファイバに導入，その後光子検出器で検出する．

図 14 が実験の結果である．入力，出力の部分に並んでいる数字は，左側が制御光子，右側が信号光子の偏光状態に対応している．たとえば，00 は，制御光子

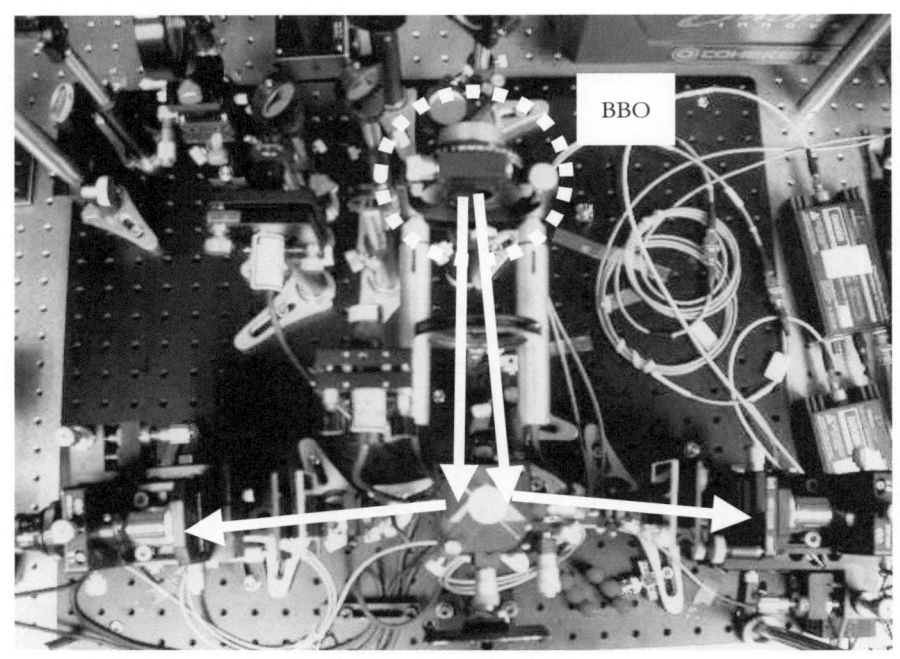

図12 2つの光子を発生させる光子源の実験装置.光子は白矢印に沿って出力される.BBOは非線形光学結晶.

が垂直偏光で,信号光子が右回り偏光に対応している.また,高さは,入力に対してそのような出力が得られた確率を表している.たとえば実験結果を見ると,00が入力された時には,ほぼ100%の確率で出力も00であった事を示している.

この図を見ると,制御光子が垂直偏光(左側の数字が0)の時には,入力した状態が変化せずに出力されていることが分かる.一方,制御光子が水平偏光(左側の数字が1)の時には,10が入力された際は出力が11に,11が入力された際は10が出力される確率が高い.つまり,制御光子が水平偏光の場合には,信号光子の偏光が,右回り偏光は左回り偏光へ,左回り偏光は右回り偏光へとスイッチされていることが分かる.

実はこのスイッチは,入力が水平偏光や垂直偏光の任意の重ね合わせ状態のときにも,それを重ね合わせ状態のまま処理することのできる,量子ゲートと呼ばれるものになっている.実際我々の実験では,このことも確認した.

図 13　光子偏光スイッチの検証装置．PPBS は，部分偏光ビームスプリッタ．

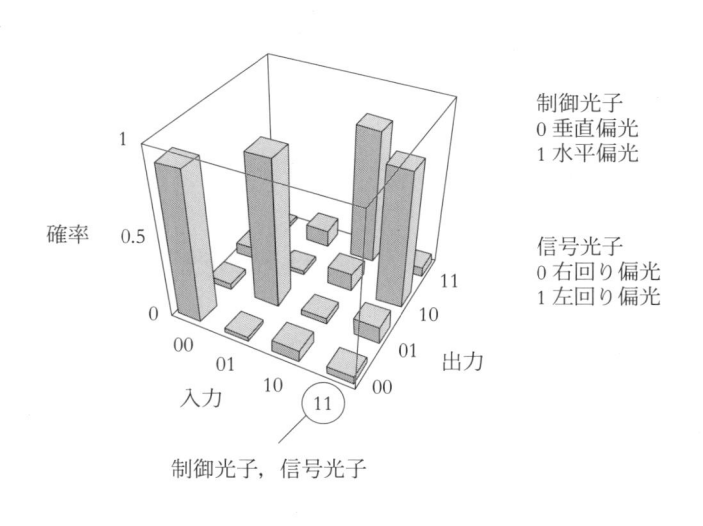

図 14　実験結果．縦軸は確率．

8. おわりに

以上，光子1つの状態で別の光子の状態を変化させることのできる「スイッチ」を実現した，我々の研究について紹介した．このような素子を用いると，複数の光子の量子状態を自在に操ることができるようになる．2個の光子の偏光状態は全部で4つ．同様に，3個の光子の状態数は8，4個の場合は16と指数的に増え，たった100個の光子でもその偏光状態は2の100乗にも達する．このような莫大な数の状態の重ね合わせ状態を，そのまま並行して処理・操作することで，既存のコンピュータでは決して解けないような問題を解くことができるのが，量子コンピュータである．今回紹介した「偏光光子スイッチ」は，そのような量子コンピュータの実現に向けた第一歩とも言える．今回の素子では，動作には成功したものの，その成功確率は1/9とまだまだ小さい．今後はこの成功確率を1に近づけることが大きな課題である．

本章で紹介した研究の一部は，科学技術振興機構の戦略的基礎研究推進事業（CREST），総務省の戦略的情報通信研究開発推進制度（SCOPE），ならびに日本学術振興会科学研究費の支援を受けた．また，共同研究者のホフマンホルガ，笹木敬司，岡本亮の各氏に感謝する．

関連図書案内

竹内繁樹「量子コンピュータ」講談社ブルーバックス，2005年
R. P. ファインマン（釜江常好・大貫昌子訳）「光と物質のふしぎな理論—私の量子電磁力学」岩波書店，1987年
P. L. Knight, L. Allen（氏原紀公雄訳）「量子光学の考え方」内田老鶴圃，1989年

第4章
物理定数の時間変化

千葉　剛

1. はじめに

　表題を見て，「定数が変化したらそもそも定数ではないではないか」とご立腹されたかたもおられるかもしれない．表題の意図するところは「定数と考えられているものが時間的に変化する可能性」あるいは「定数はどこまで定数か」という意味に解してほしい．

　物理定数は本来，物理学の法則を用いて自然現象を解明する際に必要な物理量を表現するときに必要となるものである．たとえば，真空中の光速 c，プランク（ディラック）定数 h（$\hbar=h/2\pi$），重力定数 G，ボルツマン定数 k，電子（陽子）質量 m_e（m_p），電荷素量 e である．これらと真空の誘電率 ϵ_0 を組み合わせれば SI 単位系のすべての単位を決定することができる．したがって，単位系と物理定数は密接に関係している．また，自然界には電磁気力，弱い力，強い力，重力という4つの力が存在している．自然現象はすべてこれらの力であらわされる．基礎物理学の観点からは，これら4つの力の強さを表す4つの結合定数も重要な物理定数である．それらは順に，微細構造定数 $\alpha=e^2/4\pi\epsilon_0\hbar c \simeq 7.30\times 10^{-3}\simeq 1/137$，フェルミ結合定数 $G_F/(\hbar c)^3\simeq 1.17\times 10^{-5}\mathrm{GeV}^{-2}$，強い力の結合定数 $\alpha_S\simeq 0.119$，重力定数 $G\simeq 6.67\times 10^{-11}\mathrm{m}^3\mathrm{kg}^{-1}\mathrm{s}^{-2}$ である．重力定数のかわりに，G に陽子の質量をかけて無次元化した重力微細構造定数 $\alpha_G=Gm_p^2/\hbar c\simeq 5.10\times 10^{-39}$ を用いることもある．これらが変化するとなると，時間や場所によって実験結果と理論の対応付け

が異なり，物理学の根幹をなす「法則の普遍性」が成り立たなくなる恐れがある．

1.1 ディラックの大数仮説

ところが，物理定数（重力定数）は時間変化しているはずである，と主張する論文が現れた．1937年のことである．著者はディラックである．

「宇宙の定数」と題する短い論文のなかで，ディラックは以下のような議論を展開した．ディラックは重力が関与する無次元数は非常に大きいことに着目した．例えば，陽子と電子の間のクーロン力と重力の比は

$$N_1 = \frac{(e^2/4\pi\epsilon_0)}{Gm_p m_e} \simeq 2\times 10^{39} \tag{1}$$

というとてつもなく大きな数になる．また，現在の宇宙の膨張率 H_0 から定義されるホライズン半径 cH_0^{-1} と古典電子半径との比をとってみると，

$$N_2 = \frac{cH_0^{-1}}{(e^2/4\pi\epsilon_0)m_e^{-1}c^{-2}} \simeq 4\times 10^{40} \tag{2}$$

となる．

ディラックは2つの巨大数が似通った値をとっていることに注目し，2つの間には関係があるに違いないと考えた．すわなち，$N_1 \simeq N_2$ としたのである．これをディラックの大数仮説という．宇宙の膨張率は時間によるものなので，N_2 は時間によるものである．この等式がいつの時刻にも常に成り立つには，N_1 が時間変化する必要がある．ディラックは重力定数 G が時間変化する $G \propto t^{-1}$ とした．先の論文に続いて書かれた1938年の論文から引用する：

> *Any two of the very large dimensionless numbers occurring in Nature are connected by a simple mathematical relation, in which the coefficients are of the order of magnitude unity.*
>
> （自然界にあらわれる非常に大きい数どうしは，係数は1程度の簡単な数学的関係式で関係付けられている．）

また，ガモフは微細構造定数 α が時間変化するとした：$\alpha \propto t^{1/2}$．この20世紀の巨人たちの洞察の当否はどうであれ，ディラック以降，重力定数や微細構造定数の変化に対する地質学や地球物理学・化学や原子物理学や宇宙物理学からの制

表 1 基本相互作用と結合定数

相互作用	結合定数
電磁相互作用	$\alpha = e^2/4\pi\epsilon_0\hbar c \simeq 1/137$
弱い相互作用	$G_F/(\hbar c)^3 \simeq 1.17\times 10^{-5}\mathrm{GeV}^{-2}$
強い相互作用	$\alpha_S \simeq 0.119$
重力相互作用	$G \simeq 6.67\times 10^{-11}\mathrm{m}^3\mathrm{kg}^{-1}\mathrm{s}^{-2}$

限が精力的に調べられてきた．以下に，物理定数の変化の可能性を考える動機をみてみることにする．

1.2 ニュートン，アインシュタイン，超ひも理論

ニュートン力学においては，物体が存在しなくても存在し続ける未来永劫に不変な「絶対空間」と，物体が存在しなくても均一に流れ続ける「絶対時間」という概念が導入された．ニュートン力学では，時間と空間は物体の存在にまったく影響を受けない未来永劫に不変な強固な入れ物である．物理法則も時空同様不変であると考えられた．

一般相対論においては，今度は物体の存在が時空に影響を及ぼす．アインシュタイン方程式を見ればわかるように物体の存在により時空はゆがむのである：

$$R_{\mu\nu} - \frac{1}{2}Rg_{\mu\nu} = \frac{8\pi G}{c^4}T_{\mu\nu}. \tag{3}$$

ここで，左辺は時空のゆがみ（曲率）をあらわす項で右辺は物質のエネルギーと運動量に依存する部分である．時空構造は可変なものになった．それでは物理法則も時空とともに変わるのかといえばそうではない．等価原理によると，重力のもととなる重力質量とニュートンの運動方程式の左辺の加速度の比例係数である慣性質量とは物質によらず等しい．したがって，座標系を変えれば慣性力と重力を局所的に相殺させることにより無重力系（慣性系）を作ることができる．アインシュタインは等価原理より局所的には慣性系での不変な物理法則が成り立っているとして一般相対性理論を構築した．

一方，重力を含む 4 つの力の統一理論として有望な超ひも理論になると状況は一変する．超ひも理論は，われわれの住む世界は，空間 3 次元＋時間 1 次元の 4

表 2　理論における時空観と物理法則

	時空	物理法則
ニュートン	不変	不変
アインシュタイン	可変	不変
超ひも理論	可変	可変

次元ではなく，10次元の時空であることを予言する．この理論においては，ディラトンと呼ばれる重力の担い手となるスカラー場（ローレンツ変換に対して不変な場）が必然的に現れる．また，時空次元を10次元から6次元空間を縮めて（「コンパクト化」）4次元にする際に，モジュライと呼ばれるスカラー場も現れる．これらのスカラー場は重力の運動項やゲージ場の運動項にあらわに結合しているため，重力定数や微細構造定数を含む結合定数の値はディラトンやモジュライの（真空）期待値で決まることになる．つまり，ひも理論においては結合定数はもはや「定数」ではなく時間空間の関数なのである．したがって，物理「定数」が時間的空間的に変化している可能性がある．さらには，スカラー場は物質ともあらわに結合しているため，等価原理（自由落下の普遍性）も破れる可能性がある．物理法則も可変なものになったのである．

これらの事情は，ニュートン力学における時空構造や物理法則と一般相対性理論におけるそれらとの対比でみるとわかりやすいかもしれない．表2にまとめておいた．

1.3　マッハの原理

19世紀の科学者，マッハはニュートン力学における絶対時間・絶対空間を痛烈に批判し，時間空間は物体どうしの相互の関係から生まれる概念であるとした．マッハに従うと，物質がなければ時間・空間という概念もありえないのである．マッハの原理とは，このような「物質の慣性は宇宙全体の物質分布との関係から決まる」という考え方である．マッハのこの考え方は，一般相対性理論の誕生に大きな影響を与えた．

これから派生した考えに「局所的な物理法則は宇宙における物質分布から決まる」というものもある．この考えに従えば，宇宙は膨張し，膨張とともに物質の

密度は薄まっていくのであるから，それとともに物理法則も変化するはずである．たとえば，超ひも理論との関係で近年再び取り上げられることの多くなったブランス・ディッケ重力理論においては，重力定数は宇宙における物質密度により決まるという仕組みになっている．したがって，こうした重力理論に従えば重力定数は時間変化することになる．

1.4 ヌル・テストとしての意義

このような高踏的な動機とは別に「物理定数の定数性の検証実験」のヌル・テストとしての重要性も強調しておく必要がある．ヌル・テストとは，本来「ズレがゼロであることを確認する」種類の実験である．「物理定数の定数性の検証」は，「重力の逆二乗則の検証」や「等価原理の検証」や「ニュートン重力の次のレベル（ポストニュートン重力）での重力理論の検証」などと並んで，きわめて重要なヌル・テストである．どの程度までゼロであるのかは，許される技術の限界まで追究するべきものである．時刻や場所の異なるさまざまな実験・観測から得られた値を相互に比較することにより，物理学の基本理論の一貫性を検証することになる．このような実験は，地味ではあるが我々が手にしている理論の枠組を下支えしてくれるという意味で基礎的なものであり非常に重要なものである．もちろん，有意なズレが発見されたら，その意義や影響ははかり知れない．

1.5 宇宙観測の役割

宇宙観測は物理定数の定数性の検証をする上で重要な役割を果たしてきた．それは，物理定数の時間変化率を差分で考えれば明らかである：

$$\frac{\Delta \alpha}{\alpha \Delta t}. \qquad (4)$$

したがって，時間変化率への制限を厳しくするには（1）物理定数を高精度で測定する（$\Delta\alpha/\alpha$を小さくする）か，（2）長時間変化を測定する（Δtを長くする）かが考えられる．実験室での精密測定は前者に，宇宙観測は後者に対応する．実験室で使える時間はせいぜい数年程度であるのに対し，宇宙論では最大で宇宙年齢

（137億年）が使えることからも，宇宙論の効用は明らかであろう．

1.6 何が変化するのか

たとえば「微細構造定数が時間変化する」といったときに，問題になるのが「何が変化するのか」ということである．$\alpha = e^2/4\pi\epsilon_0\hbar c$ であるから，α の変化は具体的にはどの物理定数の変化によってもたらされたものなのか，ということである．これは一般には，単位系に依存する問題である．自然単位系（$c=\hbar=1$）で電磁気をガウス単位系で記述すると $\alpha = e^2$ となり，変化するのは電気素量である．SI 系では，長さの単位（メートル）は「真空中を光が 1/299792458 秒間に進む距離」と定義されている．したがって，光速度は定義された量である．さらに，電流の単位（アンペア）は「1m 間隔の平行で無限に長い電流の間に働く力が 2×10^{-2} N/m であるような電流」と定義される．これは，真空の透磁率 μ_0 を $\mu_0=4\pi \times 10^{-7}$ H/m と定義したことと同じである．したがって，真空中の誘電率 ϵ_0 も定義された量である．残るは e と $\hbar$ であるが，光速度 c が定義されることが特殊相対性理論における光速度不変の原理と不可分の関係にあるように，$\hbar$ は量子力学と不可分の関係にある．c や $\hbar$ を変えることは単に物理定数を変えるという以上の相対論や量子論という物理学の基本理論を変更するということを意味する．したがって，通常は α が変わるというときには電気素量 e が変わるものと理解されている．

以下では，微細構造定数と重力定数について，その時間変化の観測からの制限について述べる．

2. 微細構造定数

2.1 オクロ（Oklo）現象

1972年9月フランス原子力庁（CEA）は，ガボン共和国（アフリカ）にあるオクロ・ウラン鉱床中で天然原子炉が稼動していた証拠を発見したと発表した．オ

クロ鉱山では，核分裂連鎖反応で重要なウラン235の同位体存在比が天然ウラン中（0.720%）より低い（0.717%）ことが報告され，それは天然原子炉の存在による核分裂連鎖反応によるものと結論付けられた．地球上の同位体存在比は時間とともに変化している．ウラン235の同位体存在比が約3%の頃（約20億年前），オクロ・ウラン鉱床のウランが地下水を減速材とする持続的な連鎖反応を自発的に起こし，ウラン235の濃度が臨界に必要な濃度以下となって反応は停止して化石となったと推定されている．このような自然環境下における自発的な核分裂連鎖反応をオクロ現象という．

このオクロ天然原子炉で核分裂生成物のひとつであるサマリウムの同位体の解析を行うことで，α の変化に対して非常に強い制限が得られることを最初に指摘したのが，シリアクターである（1976年）．サマリウム149は中性子を吸収してサマリウム150になるが，この中性子吸収の共鳴レベルは $E_r = 97.3$ meV と原子核の典型的なエネルギースケール MeV にくらべてきわめて小さい．[1] したがって中性子吸収の反応率は結合定数の変化による共鳴エネルギーの変化に敏感であるはずである．オクロ鉱山から採取した試料から，20億年前のサマリウム149の中性子吸収断面積を求めることにより，当時の共鳴レベル E_r を推定できる．その結果現在との差は $\Delta E_r = E_r^{Oklo} - E_r^0 = 4 \pm 16$ meV とわかった．つぎは共鳴レベルと微細構造定数 α との関係だが，これは重い原子核の質量公式におけるクーロンエネルギーの α 依存性を考慮して，$\Delta E_r = -1.1 \text{MeV} \Delta\alpha/\alpha$ となる．したがって，$\Delta\alpha/\alpha = (-18 \sim 11) \times 10^{-9}$ を得る．Oklo鉱山の年齢の不定性も考慮して18億年で割って時間変化率に直すと，$\dot{\alpha}/\alpha = (-6 \sim 10) \times 10^{-18}$/yr となる．この値は，時間変化率としては今までのところ最も厳しい制限となっている．

2.2 吸収線

原子のエネルギー準位にはスピン・軌道相互作用に由来する微細構造（fine structure）があり，方位量子数が同じでもスピンも含めた内部量子数の違いによりエネルギー準位が細かく多重項に分離している．その大きさはたとえば，$2S_{1/2}$

---

[1] meV $= 10^{-3}$ eV, MeV $= 10^6$ eV.

$\to 2P_{3/2}$ の遷移振動数と $2S_{1/2} \to 2P_{1/2}$ の遷移振動数の差は絶対値で α^4 に，相対値で α^2 に比例する．遠方の天体のスペクトル線の間隔を観測して実験室の結果と比較すれば，微細構造定数の時間変化に制限が与えられるはずである．このアイデアは 1965 年のバーコールとサルピーターの論文の脚注に簡単に触れられていた．

クェーサーとよばれる天体は非常に明るい（銀河の 100 倍以上）ため，遠方にあっても観測することができる．クェーサーのスペクトルで卓越しているのは中性水素によるライマン α 輝線である．さらに短波長側には，クェーサーと観測者の間に存在する中性水素ガスによる多くの吸収線群がみられる．長波長側には水素以外のヘリウムや重元素による吸収線がみられる．クェーサーによって照らされた銀河間の物質の影をクェーサーのスペクトル上に現れた吸収線（クェーサー吸収線）としてみることになる．アルカリイオンの二重項の波長差の観測（アルカリ二重項法）から，これまでに赤方偏移 $z \simeq 3$ までの α の時間変化の上限（$|\Delta\alpha/\alpha| < 3.5 \times 10^{-4}$）がえられてきた．

ところが，最近（1999 年）になって α の有意な時間変化を主張するグループが現れた．ウェッブらは様々な種類のイオンの線スペクトルを比較する多重項法と呼ばれる方法を用いて，ハワイにあるケック望遠鏡で観測されたクェーサー吸収線系の解析を行なった．最初の解析は赤方偏移が $0.5 < z < 1.6$ の 30 個の吸収線系（FeII, MgI, MgII）について行ない，α の変化について $\Delta\alpha/\alpha = (-1.1 \pm 0.4) \times 10^{-5}$ という結果を得た．彼らはさらに，$0.5 < z < 3.5$ の 72 個の吸収線系（FeII, MgI, MgII, SiII, NiII, CrII, ZnII, AlII, AlIII）について行ない，4σ で有意な変化を検出した：$\Delta\alpha/\alpha = (-0.72 \pm 0.18) \times 10^{-5}$．引き続いて 3 つめのサンプルについても解析が行なわれ，$0.2 < z < 3.7$ の 128 個の吸収線系についての解析結果は 4.7σ で有意な変化であった：$\Delta\alpha/\alpha = (-0.543 \pm 0.116) \times 10^{-5}$．ここで $\Delta\alpha$ は遠方での値と現在の値との差であり，これが負であるということは α は過去に系統的に小さかったということを意味する．

この解析にはいくつかの問題点が指摘されている．ウェッブたちの解析で用いられている多重項法はアルカリ二重項法と異なり，異なる種類のイオンの線スペクトルを比較するものである．したがって，波長の差だけではなく波長の絶対値の情報が必要であり，系統誤差の影響（ゼロ点の較正）を受けやすい．また，ウェッ

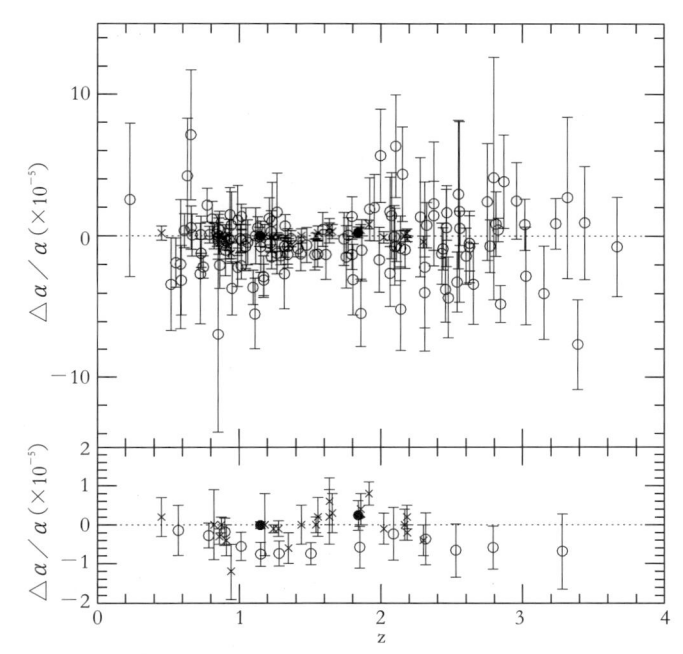

図1 クェーサーの吸収線から決定された微細構造定数を現在の値から引いたもの．横軸は赤方偏移．白丸はケック望遠鏡によるもの（Murphy et al. 2003），X印はインドのグループによるもの（Srianand et al. 2004），黒丸はロシアのグループによるもの（Levshakov et al. 2005）．下図はケックによるデータをある赤方偏移の幅で平均化したもの．

ブたちの解析ではパラメターの数を減らすために，ガス雲における各イオンの速度構造は種類の違いによらず同じものとしている．10^{-5}程度の精度のためには，速度にして$v \sim 1{\rm km/s} (v/c \sim 10^{-5})$の精度で同じである必要がある．この仮定が妥当なものであるかは検証する必要がある．

いずれにせよ，この結果が本当であるなら，物理法則が時間とともに変化するということを意味するものであり，その意義は甚大である．その確認（あるいは否定）のためにも独立したグループによる検証が急務である．その目的のために，インドのグループがチリにあるヨーロッパ南天天文台のVLT望遠鏡をもちいてえられたS/N比の高い23個の吸収線系のデータ（$0.4<z<2.3$）の解析を行った．吸収線はマグネシウムイオンのもののみを採用した．結果はゼロを含むものであ

り，ウェッブらの結果と有意に異なるものであった：$\Delta\alpha/\alpha=(-0.06\pm0.06)\times10^{-5}$．これで話は終わりかというと，そう単純ではないようである．インドのグループたちの使ったデータは半分しか観測前後のスペクトルの較正をしておらず，また波長の誤差は過小評価されているらしいのである．ロシアのグループによるVLTをもちいた鉄イオンの吸収線（$z=1.84$, 1.15）の解析では，誤差は大きいもののやはりゼロを含む結果が得られている：$\Delta\alpha/\alpha=(0.4\pm1.5)\times10^{-5}$．われわれ日本のグループもすばる望遠鏡でWebbたちと同じクェーサーを含む収線線系の観測を行った．その解析によって，系統誤差に関する理解が進むと期待している．

先に紹介した，20年億年前のオクロ天然原子炉の同位体元素の解析からえられたαの変化の制限（$\Delta\alpha/\alpha=(-18\sim11)\times10^{-9}$）は，赤方偏移に直すと$z=0.16$での制限と見ることができる．先のクェーサー吸収線系の解析とは赤方偏移で重なってはいないが，オクロ鉱山の結果とウェッブの結果を両方信じるとαは$0.1<z<0.5$あたりで$\Delta\alpha/\alpha\sim-10^{-5}$から$|\Delta\alpha/\alpha|<10^{-8}$へと急激に変化したことになる．したがって，$0.1<z<0.5$あたりでの$\alpha$の変化を確認することは両者の整合性からも重要になる．

2.3　宇宙論

ハッブルによる天体の後退速度と距離の比例関係（ハッブルの法則）の発見（1929）により，宇宙は現在膨張していることが明らかになった．したがって時計を逆回しにすれば，宇宙は過去に高温高密度の熱い火の玉状態にあったことになる（ガモフのビッグバン宇宙論）．ガモフは高温高密度状態での原子核反応により，宇宙にあるすべての元素の起源が説明できると考えた．また，宇宙がかつて高温高密度の熱平衡状態にあった名残として，絶対温度6Kの黒体輻射（マイクロ波背景輻射）が存在するはずであると予言した．1967年の宇宙背景輻射の観測により，ガモフの予想は大筋で正しいことが確かめられた（詳細は第1章参照のこと）．実際には，ビッグバンで説明できる元素の起源は重水素・ヘリウム・リチウムあたりの軽い元素までで，より重い元素は星の中の核融合反応によって作られ，超新星爆発により周囲に撒き散らされる．軽い元素だけとはいえ，0.25（ヘリウム：質

量比）から10^{-10}（リチウム：個数比）までの組成をひとつのパラメター（バリオン数）で説明できるのは驚くべきことである．宇宙の元素組成の観測から宇宙のバリオン数（バリオン数光子数比η）は$\eta=6\times10^{-10}$と求められている．また，マイクロ波背景輻射の温度はCOBE衛星により正確には2.725K（±0.002K）と測定された．

（1）ビッグバン元素合成

宇宙初期の元素合成の様子は定性的には次のように理解できる．まず，温度Tが10^{10}K（1MeV）以上のときには，弱い相互作用の反応により陽子と中性子は相互に入れ替わっている．反応平衡により中性子と陽子の個数比は質量差$Q=m_n-m_p=1.293$MeVにより$n_n/n_p=\exp(-Q/kT)$となり，$T\gg$MeVで陽子と中性子の数は等しく，温度の低下とともに中性子の比率は減少する．温度が凍結温度$T_f\simeq G^{1/6}G_F^{-1/3}\simeq$1MeV以下になると，弱い相互作用の反応率$n\sigma v\sim G_F^2 T^5$は宇宙膨張率$H\simeq\sqrt{G}T^2$を下回り，反応平衡は破れて，中性子の減少は凍結する．以後，中性子の減少は自然崩壊（寿命15分）によるもののみである．中性子と陽子の核反応により重水素が合成され，重水素同士の反応で3重水素やヘリウム3が合成され，最終的にはヘリウム4が合成される．すると自然崩壊は妨げられ，中性子の比率は固定される．この間およそ3分間である．この過程で，中性子はすべてヘリウム4に取り込まれる．ヘリウム4の質量比Yは凍結温度T_fから（自然崩壊の効果を考慮した）3分後の中性子の比率（$(n_n/n_p)_f\simeq 1/7$）から評価できる：

$$Y = \frac{4(n_n/2)}{n_n+n_p} \simeq 0.25. \qquad (5)$$

このように，元素の組成は凍結温度とそのときの中性子陽子数比に依存している．微細構造定数が変化すると，クーロン自己エネルギーが変化することにより，陽子と中性子の質量差が変化する．その効果は以下のように書かれる

$$Q \simeq 1.29 - 0.76\frac{\Delta\alpha}{\alpha} \text{ MeV}. \qquad (6)$$

αが大きくなって質量差Qが減ると凍結温度の時の中性子比が増加し，ヘリウム4の質量比が増大する．その関係は以下のように近似的に書ける：

$$\frac{\Delta Y}{Y} \simeq -\frac{\Delta Q}{Q} \simeq 0.6\frac{\Delta \alpha}{\alpha}. \tag{7}$$

Y の観測量（$Y=0.249\pm0.009$）との比較から α の変化に次のような制限が得られている：$|\Delta \alpha/\alpha|<0.06$.

(2) 宇宙背景輻射

1967年の宇宙背景輻射の発見から25年たった1992年，今度は宇宙背景輻射の温度が方向によりわずかに（10万分の1程度）異なっていることがCOBE衛星により発見された．さらに2003年にはWMAP衛星により，より角度分解能の高いデータが得られた（口絵3）．この温度揺らぎは，バリオンと相互作用している光子中を伝わる音波（疎密波）によるものである．音色を聞けば楽器が何であるかやガスの性質がわかるように，温度揺らぎの解析から宇宙の幾何学や物質の性質がわかる（第1章参照）．

宇宙誕生から40万年までは光子と電子はトムソン散乱により衝突を繰り返している．その断面積は $\sigma_T = 8\pi\alpha^2\hbar^2/3m_e^2 c^2$ で与えられる．電離平衡の下では水素のイオン化率 x_e は第一イオン化エネルギー $B=\alpha^2 m_e c^2/2$ を用いて，$(m_e/T)^{3/2}\exp(-B/T)$ に比例するとわかる．水素が中性化したあとは光子の進行を妨げるものがなくなる．宇宙は「晴れ上がり」，光子はまっすぐ進む．中性化の時期は宇宙誕生40万年後，温度にして4000Kである．

α が大きくなると，イオン化率は指数関数的に減る．したがって，中性化の時期が早まる．σ_T の増大による光の散乱確率の増大もあるが，イオン化率の減少の効果のほうが圧倒的に大きい．音波の波長は変わらないので，中性化の時期が早まった結果として温度揺らぎの濃淡のパターンは小さくなる．WMAP衛星による宇宙背景輻射の揺らぎの観測との整合性から，α に対して以下のような制限がつけられている：$-0.06<\Delta\alpha/\alpha<0.01$.

2.4 原子時計

これまで紹介してきた地質学的宇宙論的な制限の最大の弱みは「たまたまそうであったのでは」という批判をかわせない点にある．われわれが観測できる過去

表3 微細構造定数 α の時間変化に対する実験・観測からの制限.

	赤方偏移（時刻）	$\Delta\alpha/\alpha$	$\dot{\alpha}/\alpha$ (yr^{-1})
原子時計（Hg/Cs）(Bize et al. 2003)	0（137億年）		$\leq 1.2\times 10^{-15}$
原子時計（Yb/Hg）(Peik et al. 2004)	0（137億年）		$(-0.3\pm 2.0)\times 10^{-15}$
オクロ（Fujii et al. 2000）	0.16（137-20億年）	$(-0.18\sim 0.11)\times 10^{-7}$	$(0.2\pm 0.8)\times 10^{-17}$
水素21cm線（Cowie & Songaila 1995）	1.8（137-99.8億年）	$(3.5\pm 5.5)\times 10^{-6}$	$(-3.3\pm 5.2)\times 10^{-16}$
クェーサー吸収線（Murphy et al. 2003）	0.2-3.7	$(-0.543\pm 0.116)\times 10^{-5}$	
クェーサー吸収線（Srianand et al. 2004）	0.4-2.3	$(-0.06\pm 0.06)\times 10^{-5}$	
クェーサー吸収線（Levshakov et al. 2005）	1.15, 1.84	$(-0.4\pm 1.5)\times 10^{-6}$	
宇宙背景輻射（Martins et al. 2004）	10^3（40万年）	$-0.06\sim 0.01$	$<4\times 10^{-12}$
元素合成（Cyburt et al. 2005）	10^9（3分）	$<6\times 10^{-2}$	$<4.4\times 10^{-12}$

$\Delta\alpha/\alpha\equiv(\alpha_{\mathrm{old}}-\alpha_0)/\alpha_0$. ここで α_{old} は過去の値，α_0 は現在での値.

はひとつのものでしかないからである．また，ある赤方偏移での制限といっても，その時期の全空間の平均をとっているわけではなく，局所的な特定の天体現象を観測しているに過ぎない．その点，実験室で行える実験は，条件さえ整えば繰り返しさまざまなグループにより独立に行うことができる．この「繰り返し行える」ことが実験室の制限の強みである．実験室での α の時間変化の制限としては，原子時計を用いたものがある．

SI系では「秒」は「セシウム133原子の基底状態の二つの超微細準位（F=4, M=0 と F=3, M=0）の間の遷移に対応する放射の周期の9192631770倍の継続時間」と定義されている．セシウム原子時計とは，このセシウム原子の遷移振動数を基準として，セシウム原子が共鳴吸収する水晶発振器の周波数を9192631770Hz（マイクロ波）となるように安定化した装置である．これが時間のものさしを与える．超微細構造は原子核の磁気能率と電子の磁気能率との相互作用に由来し，超微細遷移周波数は原子番号を Z として $Z\alpha^2(\mu_N/\mu_B)(m_e/m_p)F_{rel}(Z\alpha)$ に比例する（$F_{rel}(Z\alpha)$ は相対論的補正項，μ_N は原子核の磁気能率，$\mu_B=e\hbar/2m_p c$ は核磁子）．したがって，種類の異なる原子時計を比較（時計比べ）することで，α の変化に対する制限を得ることができる．近年では光の周波数帯の四重極遷移周波数をもちいた光原子時計も開発されてきている．その周波数は超微細構造と異なり $Z\alpha$

に依存し磁気能率にはよらない．

たとえば，水銀199イオンの（光）原子時計とセシウム133時計を2年間比較することにより，$\mu_{Cs}\alpha^6(m_e/m_p)$の組み合わせで変化の制限がつけられる．$\alpha$以外の定数は変化しないとすれば，次のような制限が得られる：$|\dot{\alpha}/\alpha|\leq 1.2\times 10^{-15}\mathrm{yr}^{-1}$．この縮退を取り除くために，他の原子時計を用いた結果を組み合わせる．イッテルビウム171イオンの光原子時計や水素メーザー時計の時計比べの結果を組み合わせることにより，磁気能率の変化によらないαへの制限が得られている：$\dot{\alpha}/\alpha = (-0.3\pm 2.0)\times 10^{-15}\mathrm{yr}^{-1}$．

αの時間変化に対する実験・観測からの制限を表3としてまとめておいた．

3. 重力定数

3.1 惑星の運動

重力定数Gが時間によるときに，それを現在の時刻t_0の周りで展開して$G = G_0 + \dot{G}_0(t-t_0)$と書けばわかるように，ニュートンの運動方程式には永年項的な余計な項が加わる：

$$\frac{d^2r}{dt^2} = -\frac{GMr}{r^3} = -\frac{G_0 Mr}{r^3} - \frac{\dot{G}_0}{G_0}\frac{G_0 M}{r}\frac{r(t-t_0)}{r^2}. \tag{8}$$

したがって，Gが時間変化すれば，この項の効果により天体の運動は影響を受けるはずである．

太陽系の惑星の運動の正確な記述にはニュートン重力だけではなく，速度に関するより高次の補正（ポストニュートン重力）が必要である．どんな補正項が入ってくるかは重力理論により異なり，実際の解析は可能な補正項の係数をパラメーターにしてその係数を惑星の運動のデータと比較することで決定している．これによりパラメーターの一般相対性理論からのずれは10^{-5}程度にまで抑えられている．地球と月との距離は，アポロ11号が月に置いた鏡へレーザーを反射させて時間差を測定することにより，月までの距離を2—3cmの精度で測定している．また，火星との距離も過去6年間のヴァイキング1号と2号との通信から測定さ

れている．1970 年から 2004 年 4 月までのレーザーによる月への測距実験から G の時間変化への制限が得られている：$\dot{G}/G = (4\pm 9)\times 10^{-13}\mathrm{yr}^{-1}$．今のところこれが最も強い制限になっている．$\dot{G}$ の効果は時間ともに大きくなるため，測定時間間隔が長くなればなるほど $\dot{G}/G$ の制限の精度も向上する．

3.2 宇宙論

膨張宇宙で重要な時間や距離のスケールは宇宙の膨張率（ハッブルパラメター）H によって決まる．アインシュタイン方程式から H は $G^{1/2}$ に比例する．したがって，G を変えることは宇宙論的な時間の尺度や距離の尺度を変えることを意味する．それが，ビッグバン元素合成で重要な原子核反応の時期や宇宙背景輻射の揺らぎの角度スケールに変更を加えることになる．

（1）ビッグバン元素合成

G が大きくなると膨張率が大きくなり凍結温度 $T_f \simeq G^{1/6} G_F^{-1/3}$ が高くなる．その結果中性子陽子数比が増えてヘリウムの質量比が増える．Y の観測値と重水素量の観測から G の変化に次のような制限が得られる：$-0.08 < \Delta G/G < 0.14$．なお，WMAP 衛星による宇宙背景輻射の揺らぎの観測から決められた宇宙のバリオン数とヘリウム量の観測を組み合わせて G の変化に制限を加えている論文も見受けられるが，これは正確ではないことを指摘しておく．WMAP から（宇宙のバリオン数を含めた）宇宙論パラメターを決める際には，重力理論として一般相対性理論を仮定している．これはもちろん重力定数が変化しない理論である．「重力定数が変化しない理論での重力定数の変化の制限」というおかしなことをしていることになる．

（2）宇宙背景輻射

G が大きくなると膨張率 $H \propto G^{1/2}$ が早くなるので，膨張の時間スケール H^{-1} さらにはその間に光が進む距離 cH^{-1} も短くなる．したがって，宇宙の中性化が起こる時期が早まり，その間に音波として伝播していたバリオンの進む距離も短くなる．観測される揺らぎの空間的パターン（波長）は小さくなる．WMAP 衛星に

表4 重力定数 G の時間変化に対する実験・観測からの制限.

	赤方偏移（時刻）	$\Delta G/G$	$\dot{G}/G$ (yr^{-1})
Viking Lander Ranging (Hellings et al. 1983)	0 (137億年)		$(2\pm 4)\times 10^{-12}$
Lunar Laser Ranging (Williams et al. 2004)	0 (137億年)		$(4\pm 9)\times 10^{-13}$
元素合成＋宇宙背景輻射 (Copi et al. 2004)	10^9 (3分)	$-0.15\sim 0.21$	$(-1.5\sim 1.1)\times 10^{-11}$
元素合成 (Cyburt et al. 2005)	10^{10}	$-0.08\sim 0.14$	$(-0.95\sim 0.73)\times 10^{-11}$
宇宙背景輻射 (Nagata et al. 2004)	10^3 (40万年)	< 0.05	$< 3.6\times 10^{-12}$

$\Delta G/G \equiv (G_{old}-G_0)/G_0$.

よる宇宙背景輻射の揺らぎの観測との比較から，G に対して以下のような制限がつけられている：$|\Delta G/G|<0.05$．

G の時間変化に対する実験・観測からの制限を表4としてまとめておいた．

3.3 G の測定の現状

重力定数 G は1798年にキャベンディッシュによって初めて測定された．そこで用いられた「捩れ秤の方法」は現在でも G を測定する主要な方法のひとつである（図2参照）．この方法は次のようなものである．二つの同じ質量 m の物体をつけたダンベル状の棒（長さ $2l$）をワイヤーでつるす．これに二つの同じ質量 M の重りをワイヤーに対称に近づけると，m と M の間の重力による偶力とねじれの力のつりあいにより，ダンベルはある角度 φ_0 だけ回転して静止する．物体の間の距離を r，ねじれ係数を D とすると，$D\varphi_0=2GMml/r^2$ である．次に M を遠ざけるとダンベルが振動する．ダンベルの慣性モーメントを $I(=2ml^2)$ とすると，その周期 T は $T=2\pi\sqrt{I/D}$ である．つりあいの式を用いて D を消去すると $G=4\pi^2 r^2\varphi_0 l/MT^2$ となり，周期を測定することで G が測定できる．

α とは異なり，実験室での G の変化の制限はこれまでに得られていない．これは，G の値の測定には系統誤差が伴い，精度が保てなかったことによる．たとえば，1986年の CODATA (Committee on Data on Science and Technology) の G の推奨値は $G=(6.67259\pm 8.5\times 10^{-4})\times 10^{-11} \mathrm{m^3 kg^{-1} s^{-2}}$ と 0.01％の精度があったのに対し，1998年の推奨値は $(6.673\pm 1.0\times 10^{-2})\times 10^{-11}$ と一気に10倍以上精度が落ち

図2　振れ秤をのぞき込むキャベンディッシュ．

た．これは，G を測定する際に使われていた振れ秤のワイヤーのねじれ係数の振動数依存性に伴う不定性によるものであった．その後，重りをターンテーブルに乗せて回してシグナルと雑音を区別しやすくし，ワイヤーがねじれないようにフィードバックをかけるようにして，系統誤差を取り除くように工夫した実験などが行われ，G の精度は飛躍的に向上してきた．これまでで最も精度の高いものは2000年のワシントン大学によるもので $G_0 = (6.674215 \pm 9.2 \times 10^{-5}) \times 10^{-11} \mathrm{m^3 kg^{-1} s^{-2}}$ である．こうした状況もあり，2002年の CODATA の推奨値は $G = (6.6742 \pm 1.0 \times 10^{-3}) \times 10^{-11} \mathrm{m^3 kg^{-1} s^{-2}}$ と1986年段階の精度にまで回復した．太陽系の実験や宇宙論からの制限に比べて6桁以上も劣るが，10年で1桁向上したと見れば，6,70年経てば状況は変わっているかもしれない．実験室で得られる制限の強みは，太陽系や宇宙論からの制限と異なり，実験装置さえ整えばさまざまなグループにより，実験は独立に繰り返し行えることにある．いずれにせよ近い将来に実験室からの G の変化に対する制限が得られると期待する．

4. おわりに

　微細構造定数と重力定数の時間変化に対する実験観測からの制限について，簡単に紹介した．「ディラックの大数仮説」で触れたディラックの予想 $G\propto t^{-1}$ やガモフの予想 $\alpha\propto t^{1/2}$ は強く否定された．物理定数の時間変化への動機はさまざまであり，時代ともに変化する．その中で「ヌル・テストとしての意義」は測定精度の追究と表裏一体のものであり，変ることがないものといえる．技術の限界まで実験の精度を向上させたいという欲求は消えることがないように，「どの程度まで定数は定数か」は実験技術で可能な限界まで追究すべき課題であるといえる．柱がどんなに頑丈かはたたいてみないとわからない．物理法則がどれだけ頑強なものか，揺さぶれるだけ揺さぶってみよう．
Let's keep shaking the pillars to make sure they're rigid !.

関連図書案内

ジョン・D・バロウ（松浦俊輔訳）「宇宙の定数」青土社，2005 年
J. D. Barrow and F. J. Tipler, *The Anthropic Cosmological Principle,* (Oxford University Press, 1986).
J. P. Uzan, Rev. Mod. Phys. **75** (2003) 403.

第Ⅱ部
光と物質の相互作用

光は，いろいろな仕方で物質と相互作用する．どのような相互作用をするのかについて，物理学や天文学の中心課題として長年にわたって研究が続けられてきたが，今なお語り尽くされることなく，さらに不可思議な現象を求めて研究が続けられている．

　そもそも私たちが物質を「見る」ことができるのは，物質から出てきた光や，物質が反射した光を私たちの目が捕らえているからである．したがって，何も光を出さない物質は見えない．第1章で出てきたダークエネルギーやダークマターに加え，よく知られたブラックホールがその好例である．特に，物質がある特定の周波数の光を出しているとき，私たちは，物質に「色」があると判断する．もっとも，光に「色」があると私たちが感じるのは，光の波長が，ある特定の限られた範囲内にある場合のみである．その波長より短い場合には紫外線，X線，ガンマ線となり，長い場合には赤外線，電波となり，共に目には見えないことは第1章で述べた通りである．これら特定の周波数の光を出すしくみにはいろいろあることが知られている．近年，レーザー技術の発展により，極めて限られた周波数領域の光だけを作り出すことが可能になり，基礎物理過程の研究に大いなる役割を演じていることは既に第I部で述べた．

　その一方で，光は物質に作用し，時に，その構造を大きく変えてしまうことさえある．まず，光を吸収すると物質は暖まる．太陽の光が暖かく感じるのはそのためである．逆に光を出すと，物質は冷える．また，多量の光を浴びると，物質は光から圧力を受け，光の来る方向とは逆方向に動き出すこともある．さらに，光と物質の相互作用というとき，光は波としての性質と，粒子としての性質との二重の性質を重ね持つことに注意が必要である．光を受けて電子を放出する，すなわち電流を生じる物質もあり，日頃私たちが使うエレクトロニクス製品に多く使われている．また，硬X線やガンマ線などの高エネルギーの光は，原子核構造にも多大な影響を与えうるのである．

　第II部では，大はメガパーセク（3×10^{22} m）スケールの天体から，小はナノ（10^{-11}m）スケールの液晶まで，さまざまな形でなされる物質と光の相互作用を，サイエンスの最新の話題にからめて概観する．

　まず第5章では，天体中の原子が発するX線と，それを捕らえるX線天文学衛星の話をする．日本がうちあげた「すざく」衛星に搭載されたX線望遠鏡は，

抜群の性能をもってX線を出す高温天体の新しい描像を打ち立てた．それをどう暴いてきたのかが中心テーマである．

　第6章では，液体と固体の中間である物質層「液晶」と，その光の相互作用についてみていく．光を当てることにより，微細なレベルでの構造変化が液晶の中に起こる．その結果，どのような色変化が生じるかを，筆者の発見をもとに，解説していく．

　第7章では，太陽表面を舞台におこる，高温ガスと光と磁場の間の相互作用を紹介する．X線で太陽表面を見ると，ループ状の構造や爆発現象（フレア）が数多くみられる．そのようすを，日本の「ようこう」衛星や理論シミュレーションの力をかりて明らかにしていく．

　ここにあげたものは，ほんの一例であるが，一見異なる最先端の話題が，物質と光の相互作用というキーワードでつながっていることがおわかりいただけるであろう．なお，本書に触れた他にも，じつにさまざまな相互作用の仕方があり，日々研究が重ねられて新しい知見が続々と得られていることを，最後にお断りしておく．

（嶺重　慎）

第5章
「すざく」衛星が拓くサイエンス

鶴　　剛

1. X線天文学＝「ホット・ユニバース」

　人間の目は可視光に感度を持つ．中でも緑色（波長550nm）に一番感度が高い．この理由は地球に最も近い恒星つまり太陽が発する電磁波の中で，可視光の緑色が最も明るいからである．つまり人間の目は太陽に合わせてデザインされているのだ．現代天文学の主要な1つの柱が可視光天文学である理由はこれに無縁ではない．しかし星は人間の都合を気にしたりはしない．だから人間には見えないX線で明るく輝く星が，宇宙に存在してはならない理由は無い．

　宇宙からのX線は厚い大気に吸収され，地上には届かない．よって天体からのX線を観測するためにはロケットを使って観測装置を宇宙に出すしかない．1962年6月18日ジャコーニ（2002年ノーベル物理学賞受賞）とロッシは，必ずやX線星が見つかるに違いないという確信のもとそれを試し，中性子星連星さそり座X-1を発見した．X線天文学の始まりである．それから50年弱，X線観測は今や宇宙の果てに迫る勢いであり，現代天文学に無くてはならない．その中で日本は「すざく」衛星を含めこれまで5機のX線天文衛星を打ち上げてきた．日本のX線天文学は数々の輝かしい成果の歴史を持つお家芸であり，アメリカとヨーロッパと共に世界の三極を形成している．

　後で述べる通り，可視光を放射する物体の温度はおおよそ6000度であるのに対し（太陽の表面温度を思い出して欲しい），X線を放射する物体の温度は30万度

表1　可視光天文学とX線天文学の比較

	観測天体の温度の目安	代表的な天体	観測装置
可視光天文学	3千度〜3万度	恒星, 銀河	地上望遠鏡
X線天文学	30万度〜3億度	中性子星, ブラックホール, 銀河団の高温ガス	人工衛星

から3億度である．つまりX線天文学とは，高温の宇宙の姿「ホット・ユニバース」，すなわち，可視光で見た宇宙よりはるかに激しい活動性を示す極限宇宙を見ることである（表1）．

2. X線天文衛星「すざく」登場

　私達日本のX線天文グループは，2005年7月10日に，X線天文衛星「すざく」を打ち上げた（図1）．これは「はくちょう」「てんま」「ぎんが」「あすか」に続く日本の第5番目のX線天文衛星である．

　この本を書いている時点では，「すざく」以外の大型X線衛星としてアメリカのチャンドラ衛星，ヨーロッパのXMMニュートン衛星が稼働している．いずれかの衛星が全ての面で最も優れた性能を持つ訳ではなく，それぞれの衛星は他に真似のできない特徴を備えている．チャンドラとXMMニュートンの特徴はそれぞれ「極めて高い空間分解能（シャープな画像が得られる）」と「高い空間分解能と大きな有効面積」である．それに対し，我が「すざく」衛星の特徴は，まず第一に「大きな有効面積と低いバックグラウンド（本来検出したい信号以外の信号）」である．これはデジタルカメラに置き換えると，口径の大きなレンズに低いノイズのCCD素子が搭載されていることとを意味する．この能力により暗く淡い天体を観測する事ができる．次に「高い分光能力」．これは色が鮮やかに見え，ひいては物体の温度や物質状態と運動がよくわかることを意味する．さらに「ワイドバンド」．デジタルカメラなら，可視光に加え，赤外線や紫外線の写真が同時に撮影できることを意味する．この能力を備える事で，「すざく」は低温から高温までの様々なX線天体を同時に観測できる．

図1 「すざく」衛星の写真．左から単体での状態，M-V ロケットの三段目と結合した状態，飛行中の想像図である（宇宙航空研究開発機構提供）．

2.1 分光とは？

X線のことはさておき，可視光でまず考えてみよう．読者はプリズムのことはご存知だと思う．これは光を「分解」する装置である．分光能力とはこの光を分解する能力のことを言い，分解された光や，その特徴をグラフに示した図を「スペクトル」と呼ぶ．通常物体が放射する光は単一ではなく，様々な色の光が混ざっている．温度の高い物質から出てくる光を分解すると，相対的に青い光が強く，低温の物質は赤い光を出しやすいことが知られている．赤いベテルギウスは温度が低く，青いリゲルは温度が高いと言われる根拠である．青い（赤い）光は波長が短い（長い）という特徴がある．これは光の波の周波数が高い（低い）ことや，光のエネルギーが高い（低い）ことと等価である．X線を直接目で見ることはできないので言葉で表現するのは難しいが，可視光と同じ様に色があると思って欲しい．ただし青い（赤い）X線とは呼ばず，硬い（軟らかい）X線，または硬X線（軟X線）と言う．

先ほど「通常は」色々な光が混ざり合っていると述べたが，実は混ざりけのない単一の光というのもある．これを「輝線」と呼ぶ．一番身近な例はトンネルの中のオレンジ色のランプであろう．この光をプリズムで分解すると，ある波長の光だけが見える．これは励起されたナトリウムのみが発光する特別な光である．

人間の目ではオレンジ色，つまり黄色と赤を混ぜ合わせた色と区別はできないが，プリズムを使って詳細に調べればナトリウムの発光する5896と5890Åの光だとわかる．この人間の目とプリズムの違いが分光能力の違い，と言っても良いだろう．もちろんプリズムの方が分光能力が格段に高いのである．逆に，正体不明の未知の光をプリズムで分解して，5896と5890Åの光が見つかれば，その光を出す物体にはナトリウムが含まれているということがわかる．観測された波長が本来あるべき場所からずれていれば，それはドップラー効果によりずれたのかもしれない．つまりその物体は運動しているということがわかり，さらにその速度も測定できる．

X線での分光能力も，本質は上で例に挙げた可視光と全く同じである．違うのは，人間の目にはX線を直接とらえることはできないので，「色」を直感的に言う事はできないこと，X線は可視光より波長が短い紫外線よりもさらに波長が短いことである．よってX線を放射するのは極めて温度の高い物体である．もちろん，その「極めて温度の高い」ことが，宇宙物理学ではとても意味のある重要なことなのだ．

太陽を思い起こすと，可視光線を出す物体の温度はおおよそ6000度と言った所であろう．それに対して，光に対して波長で50倍から5万倍短いX線は，50倍から5万倍温度の高い物体から放射される．つまり，おおよそ30万度から3億度と言ったところだ（ただしX線には正確な定義があるわけではないので，これらの数字は目安だと思って欲しい）．X線を放射するには，極端な話，とにかく物体を高速で何かにぶつければ良い．その衝撃（減速）が元でX線が放射される．逆に，X線を分光しスペクトルを得る事で，物体つまり天体がどうしてX線を出しているかを知る事が可能となり，ひいてはその天体の正体と性質がわかるということになる．

理解を深めるため，ここで簡単な計算をしてみよう．陽子と電子からなる水素原子1個が高速で何かに衝突し，停止し，そして高温になったとする．この場合，水素原子の運動エネルギーが熱エネルギーに変換される．X線を放射する様な温度では，水素原子は陽子と電子の2つの粒子にバラバラになることに注意すると（これをプラズマ状態と呼ぶ），

$$(1/2)(m_\mathrm{p} + m_\mathrm{e})v^2 = (3/2)kT_\mathrm{p} + (3/2)kT_\mathrm{e} = 3kT$$

という式が得られる．ここで m_p と m_e はそれぞれ陽子と電子の質量，v は衝突前の速度である．k はボルツマン定数，T_p と T_e は衝突後に高温になった状態での陽子と電子の温度である．両者は最終的に等しくなるので T と書く．$v = 1000$ [km/s] とすると $T = 2\times 10^7$ [K]，つまり 2000 万度となり，X 線を放射する物体の温度に一致する．さらに，$3kT$ はエネルギーの単位 [J] を持つが，それを [keV] で書き直すと，5.2 [keV] となる．つまり X 線の光子 1 つが持つエネルギーと一致する．言い換えると，1 つの水素原子が 1000 [km/s] 衝突して得たエネルギーを元に 1 つの光子が作られると，それは X 線になるというわけである．

2.2 主量子数から微細構造へ

X 線にも可視光と同じく「輝線」が存在する．代表的なのが酸素や鉄が放出する輝線である．この X 線輝線は，原子をとりまく電子が何らかの原因で高い軌道から低い軌道に落ちる際に放射される．原子のまわりの電子の軌道がとびとびであることは読者はご存知と思う．この理由を説明するのが量子力学である．電子の軌道は，まず主量子数と呼ばれる種類の軌道で大まかに分類される．K 殻，L 殻，M 殻と呼ぶ事もある（図 2）．しかし，それぞれの殻に含まれる軌道は単一ではなく，さらに細かく分解して行くことができる．これを微細構造と呼び，それぞれの軌道に居る電子の軌道角運動量やスピン角運動量を反映している．

X 線の分光能力を追求する歴史は，この軌道を細かく分解して行く歴史と言い換えることができる．最初期の観測装置は，とにかく X 線を検出するだけで精一杯だった．白黒写真である．次に，おおまかな色が分かる様になった．つまり温度が分かる様になった．X 線カラー写真の誕生である．主量子数を分解することが次の目標となった．もちろん，色だけでなく画像が撮れなければ写真とは言えない．この 2 つの要求を世界ではじめて完全な形で成し遂げたのが，X 線 CCD であり，それを世界で初めて搭載したのが日本の X 線天文衛星「あすか」である．1993 年に打ち上げたこの「あすか」は，ひいき目でなく画期的な衛星だった．現在の X 線天文学は，この「あすか」が切り拓いたと言っても言い過

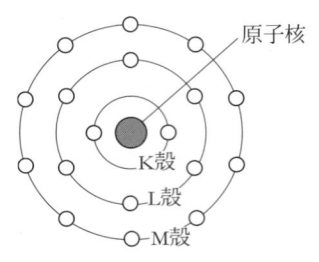

図2 原子の構造の模式図．中心の黒丸は原子核である．K殻，L殻，M殻は主量子数で示される電子の軌道であり，白丸は電子である．各電子軌道はさらに電子の軌道角運動量やスピン角運動量を反映する微細構造に分かれる．

ぎではないだろう．

　しかし，「あすか」は主量子数の衛星であった．その先には微細構造がある．この微細構造を分解した超鮮やかな（もはやこれを表現するうまい言葉を知らないのだが）カラーX線写真を撮ることを可能にしたのは，X線マイクロカロリメーターであり，それを搭載した我が「すざく」衛星である．「あすか」を超えたさらに大きな発見を期待されての登場であった．

3. 「すざく」の開発と打ち上げ

3.1　4つのX線観測装置

　「すざく」衛星は次の4つのX線観測装置を搭載している（図3，表2）．まずX線を集光し結像するX線反射望遠鏡（XRT）である．その焦点にはX線CCDカメラ（XIS）とX線マイクロカロリメーター（XRS）が置かれる．そしてX線反射望遠鏡とは独立に硬X線検出器（HXD）を搭載する．それぞれを少し詳しく説明しよう．

　X線CCDカメラ（XIS）は，X線のカラー写真を撮影する装置である．搭載するCCD素子の基本的な原理はデジタルカメラ用のCCDと同じであり，レンズで集光した可視光を写すのか，X線望遠鏡で集光したX線を写すかだけの違い

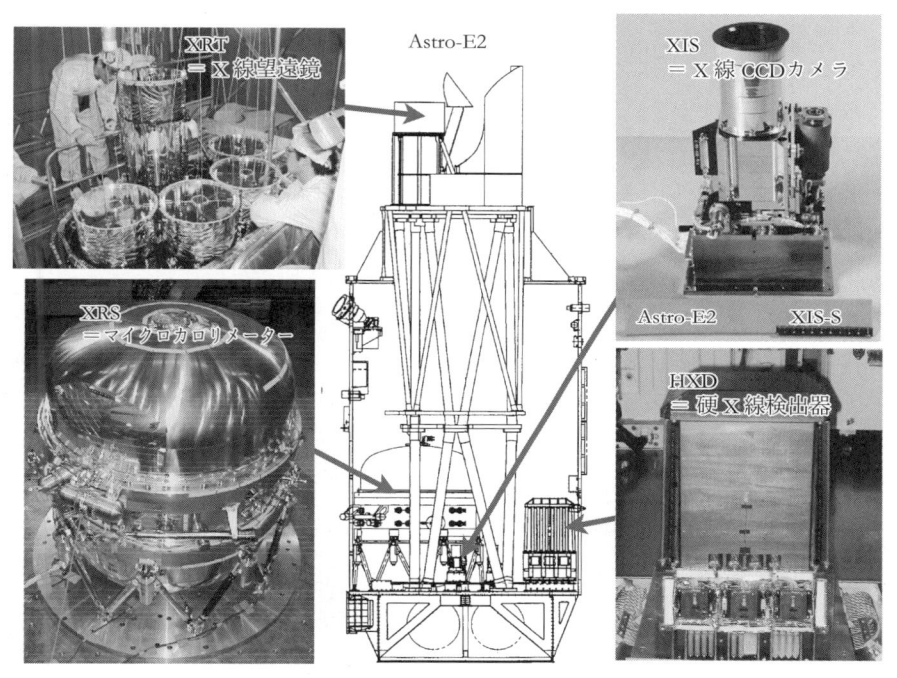

図3 「すざく」衛星に搭載した観測装置とその配置（宇宙航空研究開発機構提供）．

表2 「すざく」衛星の観測装置

XIS	X線CCDカメラ	X線撮像と分光を行う
XRS	X線マイクロカロリメーター	革新的な性能で分光を行う
XRT	X線望遠鏡	X線を集め，XRSとXIS上に像を作る
HXD	硬X線検出器	エネルギーの高いX線（硬X線）を検出する

である．しかし，宇宙の微弱なX線を検出するために，その性能はX線検出に特化させて極めて高く，ノイズを極限まで低くしている．「すざく」衛星は4台のX線CCDカメラを搭載するが，そのうち1台は裏面照射型と呼ばれるタイプであり，残りの3台は表面照射型である．前者はエネルギーの低いX線に対する感度が高く，後者は高いエネルギーのX線に敏感である．合わせて，低いエネルギーから高いエネルギーのX線まで，カバーするためである．光子計数型

のX線CCDカメラは「あすか」衛星ではじめて実現された．現在では標準的な観測装置であるが，「すざく」では従来の経験に基づき改良を重ねた結果，過去最高性能を実現する事に成功した．大有効面積のX線反射望遠鏡と組み合わせて，過去最高の分光能力（色鮮やかなカラー）と過去最良の低ノイズおよび低バックグラウンド性能（暗い天体を捕らえることが可能）を誇る．

X線マイクロカロリメーター（XRS）は，世界で全くはじめての新型検出器であり，革新的な超高分光能力を備える．しかし，根本原理は単純だ．太陽に手をかざすと暖かく感じるのは，太陽から地球に向かって放射される光がエネルギーを持ち，それを吸収した手の温度（体温）が上がるからである．同様に，X線光子を1個づつとらえると，温度上昇からそのX線エネルギーが測定でき，超高精度の温度計をつかえばX線の超精密分光が可能となる．これがX線マイクロカロリメーターの原理である．言うは易し行うは難し．いかにX線とは言え，1つ1つのX線光子で上昇する温度は微弱である．そこで熱容量を小さくし，検出素子自身のフォノンノイズ[1]と温度計のジョンソンノイズ[2]を局限するため，X線吸収体と温度計は60mK（ミリケルビン）にまで冷やす．絶対0度からわずかに60ミリ度高いだけである．これを実現するためまず，宇宙に高さ70cmの大きな魔法瓶を打ち上げる．その中に機械式冷凍機，固体ネオン，超流動液体ヘリウム，そして断熱消磁冷凍機の4種類の冷凍機を組み込んでおき，外側から段階的に冷却する．最終的に検出器部で60mKに到達する仕組みだ．固体ネオンなど消耗して行く冷媒を含めると魔法瓶の総重量は約390kgにも達する．これを使ってたった3.82mm角の検出部を冷やすのだ．しかも，固体ネオンと液体ヘリウムは徐々に失われて行くため，寿命は約3年に過ぎない．また電子回路も，一つ一つのX線に対する温度変化の波形を取り込み，それを衛星上の計算機で波形解析を行うなど極めて複雑である．これを，宇宙で実現することがどれだけ大変か分かってもらえるだろうか．しかし，その分光能力はまさに革新的であり，X線CCDの実に20倍に到達する（図4）．このX線マイクロカロリメーターの実現により，輝線の微細構造を分解したX線カラー写真の撮影が初めて可能となっ

---

[1] 装置全体の熱揺らぎ（フォノン数の揺らぎ）．

[2] 電子回路の抵抗体中の電子の不規則な熱振動で生ずる揺らぎ．

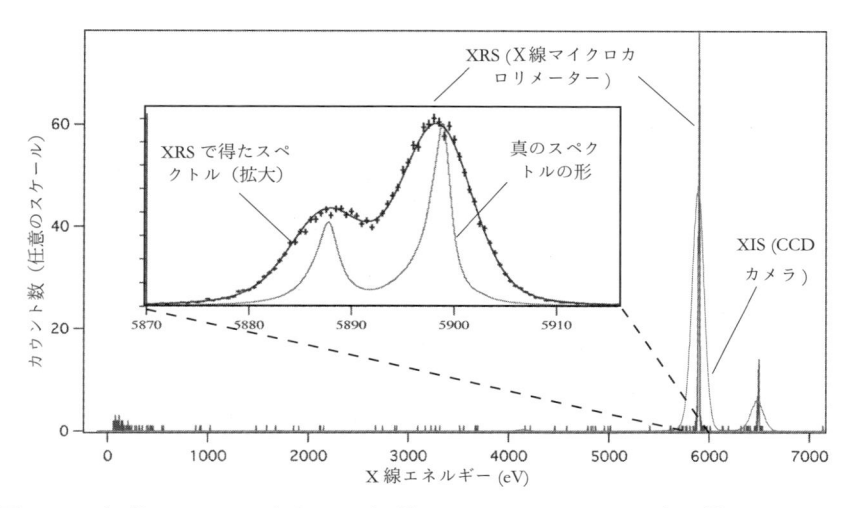

図4 XIS（X線CCDカメラ）とXRS（X線マイクロカロリメーター）で得たマンガンK輝線のX線スペクトルの比較．いずれも実際の「すざく」衛星に搭載観測装置で得た実際のデータである．Kelley et al.（2007）およびKoyama et al.（2007a）より引用．

た．

　X線CCDもX線マイクロカロリメーターも小さすぎてそれだけでは役にたたないし，画像も得られない．そのため「すざく」衛星は，天体から来る微弱なX線を集めるX線反射望遠鏡（XRT）を搭載している．カメラのレンズや可視光の反射望遠鏡の役割を果たしていると思えば良いだろう．しかし，X線反射望遠鏡と可視光反射望遠鏡では構造が異なる．可視光の望遠鏡では，天体からの光をほぼ180度方向へ反射させ集光しているが，この方法だとほとんどのX線は鏡自身に吸収されてしまう．そこで櫛状のX線反射板（フォイル）を並べ，X線をすれすれの角度で反射板に入射させて集光する方法を使う（図5）．これをウォルター1型と呼ぶ．どれだけ多くのX線を集められるかは，このX線反射板をどれだけたくさん並べることができるかに掛かる．そこで「すざく」衛星のX線反射望遠鏡では175枚もの反射板を並べた．この数は欧州のXMMニュートン衛星に比べ約3倍，米国のチャンドラ衛星に対しては実に44倍である．「すざく」衛星の重量は他の2つ衛星に比べてわずか1/10に過ぎないを考えると驚異的であり，まさに日本の英知の結晶である．衛星も小さければ開発と制作費用も少なく

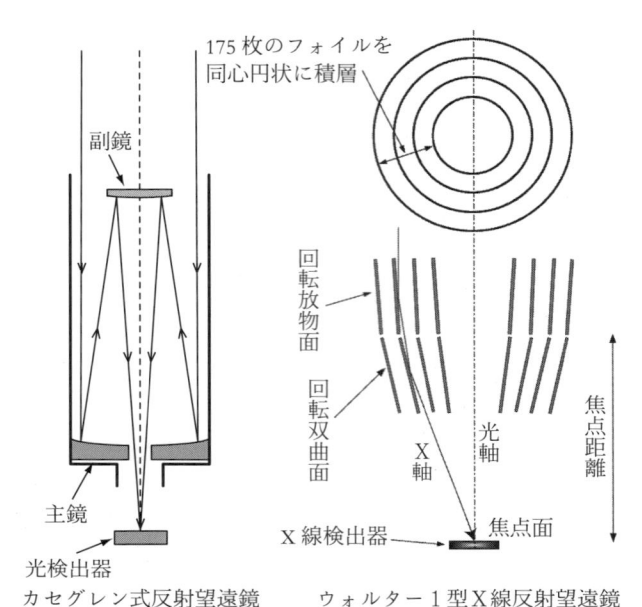

図5 可視光用のカセグレン式反射望遠鏡と，X線用のウォルター1型X線望遠鏡の模式図．

て済む．予算が同じなら頻繁に打ち上げることができる．宇宙では何がいつどこで起るか知れない．1987年2月23日に大マゼラン雲で超新星爆発が起った時，世界では日本のX線天文衛星「ぎんが」だけが稼働していた．もちろん小型の「すざく」衛星は万能ではないし，巨大な衛星でしか達成し得ないこともある．しかし，小さくても頻繁に衛星を持つことで初めて実現できる研究もあるのだ．

硬X線検出器（HXD）は，X線CCDカメラやX線マイクロカロリメーターの観測できない高いX線エネルギー帯を受け持つ日本独自のアイディアにあふれた装置である．レントゲン写真で体の内部の写真がとれることからわかる通り，X線は物質を透過する性質があり，エネルギーが高くなるほどその傾向が強くなる．この原理を応用し，「すざく」衛星の硬X線検出器は広いエネルギー帯を受け持つために，複数の検出器を有機的に組み合わせたハイブリッド構造を取っている．比較的低いX線エネルギーの観測に適したシリコン半導体検出器の下に，高エネルギーX線用のGSO結晶検出器（シンチレーター）を配置した．この検出

器の受け持ちである高いX線エネルギー帯は,とにかく宇宙空間を飛び交う放射線との戦いである.この放射線が検出器で作る擬似的なX線信号と,狙う天体から来る本当のX線信号を,少しでも高い精度で効率良く区別することが成功への鍵である.まず検出器の回りを分厚いシールド物質で覆うことで,放射線から防御する.さらに放射線は同時に複数の検出器で疑似信号を作るという性質を利用し,X線と区別する.そこで硬X線検出器では,放射線除去専用のBGO結晶検出器にシールド物質の役割を果たさせた上に,これを筒状に伸ばし,その井戸の奥深くにハイブリッド型のX線検出器型に形成することで深く防御することにした.その結果これまでにない,超低雑音,高感度の観測が可能となった.

3.2 開発,打ち上げ,そして試練

大掛かりな事柄は,大勢の人がそれぞれの立場でいろいろな形の努力を行い,ようやく実現にこぎ着けるのが普通だ.「すざく」衛星の場合も例外ではない.宇宙航空研究開発機構・宇宙科学研究本部が中心となり,日本のX線グループの諸大学・研究機関(京都大学など21機関),さらには米国のNASAを中心とする大学や研究機関による共同開発である.それに多くのメーカーの協力があって,はじめて完成する.私たち大学の教員は衛星計画の科学的目的設定とその立案,予算獲得,観測装置の基礎開発,そして実際にフライトする衛星と搭載品の製作および試験,実際の打ち上げと運用,観測,データ解析,論文発表を行う.つまり衛星の計画段階から実際の観測と論文になるまで全てに関わることになる.しかし,大学の教員だけでは物事は進まない.大学での本当の戦力は,大学院生およびポスドクと呼ばれる研究員達だ.彼ら彼女らは大学の教員と一緒に,ある時はメーカーのエンジニア達と,そして場合によっては海外で長期にわたり共同研究者と共に開発に従事する.時には24時間態勢の実験をしなければならないこともある.それが将来の自分の成果や論文に繋がるとはいえ,なかなか辛い場面も多い.文句も言わずに黙々と熱心に仕事に打ち込む姿を見るたび,我々も「なんとしても成功させなければならない」という思いを新たにする.

そして2005年7月10日,鹿児島県大隅半島の内之浦宇宙空間観測所からM-V型ロケット6号機により「すざく」衛星は打ち上げられた.私ももちろん打

ち上げに参加した．当日は，数キロ離れた関係者見学席よりその瞬間を待った．カウントダウンが進むにつれ，足が震えてくるのが分かった．12:30 ちょうどに点火，オレンジ色の炎を白い噴煙を引き，轟音を残して打ち上げられた．あっという間に雲間に隠れてしまったが，スピーカーより刻々のロケットの飛翔状況が伝えられる．第一段および第二段の正常燃焼に成功，第三段と衛星の切り離しも正常に終了した．オペレーションセンターに戻り，危険な地球周回の第一周目と第二周目を無事終了し，メーカーの衛星システム担当者が「打ち上げに成功しました」という言葉の直後に，大きな拍手と歓声が上がった．まだまだ試練はあるが，かれこれ開発が始まって 12 年間の努力が報われた瞬間であった．

その通り，試練は待ち構えていた．「すざく」衛星の主観測装置の 1 つである X 線マイクロカロリメーターが打ち上げ後 1 ヶ月で故障をおこし，観測が不能になってしまった．検出器を冷却している液体ヘリウムが気化してしまったのである．原因の究明は既にされている（JAXA のホームページでも報告書が公開されている）．徐々に蒸発していくヘリウムの排気弁を衛星内部に設置したため，その蒸発ヘリウムが真空断熱部に還流した．その結果，その断熱性能が悪くなり，液体ヘリウムが全て失われたのである．正直に言って，大変な痛手である．世界中の X 線天文学者を落胆させてしまった．世界最高性能の検出器だけにそれだけ期待も大きく，一方で世界初のリスクもあったのである．だが，ここで負けてしまうわけにはいかない．これまでの大勢の研究者や大学院生の努力を無にはできない．我々には進むべき未来がある．衛星全体がだめになったわけではないし，残る 3 つの観測装置も世界最高性能を誇る．「すざく」衛星は，世界にたった 3 機しかない大型衛星の 1 つなのだ．世界トップの成果を出すことは十分に可能だ．反省するべきは反省し，将来に結びつけ，とにかく前に進もう．がっかりしているだけでは何もはじまらない．

4．「すざく」の拓くサイエンス

危機感ほど人間を強くするものはない．本文を書いているのは，打ち上げ後，本格的な科学観測が始まって 1 年半を過ぎた時期であるが，X 線マイクロカロリ

メーターの故障にも関わらず，X線CCDカメラや硬X線検出器を用いた観測から，続々と新しい結果が得られている．一言でいえば，「すざく」衛星により宇宙における光と物質の相互作用がさらに克明に描かれたということだ．打ち上げ1年目の観測結果を元に，予定を大きく超えた約30編の論文の特集号が2007年初頭に出版された．また，2006年12月4日から8日まで，京都で「『すざく』で解明する極限宇宙」と題した国際会議を開催した．国内外から400名もの出席があった．「すざく」衛星にとても大きな期待がかけられていることがわかる．

ここでは，「すざく」衛星の結果のすべてを紹介することはできないが，京都大学が主導して得た結果のごく一部を簡単に紹介する．

4.1 天の川銀河の中心領域

銀河の中心は，銀河における「特異点」である．最も近い銀河系＝天の川銀河（我々太陽系が属している銀河のこと）もその例外ではない．そこには，太陽の260万倍の質量を持つ巨大ブラックホールが存在し，数百光年に渡って激しい星の誕生や爆発が繰り返されている．様々な天体が集り激しく相互作用する様子が観測されている．京大のX線グループを筆頭に世界中の天文学者が，天の川銀河の活動性の謎を追いかけている．口絵5（右）は，「すざく」衛星によって得られた銀河中心領域のX線スペクトルである．これまで「あすか」をはじめ，チャンドラ衛星，XMM衛星で観測が行われているが，これほど精度の高いデータが得られたことはなかった．「すざく」XISの得たスペクトルからは，6.4keVの冷たい中性鉄からの蛍光輝線，6.7keVおよび6.9keVの高階電離鉄からの輝線，そして2.45keVの高階電離硫黄からの輝線などが検出された．口絵5（左）は，それぞれの輝線の強度分布（X線写真）である．高階電離硫黄輝線は主に約1千万度の高温ガスから，2つの高階電離鉄輝線は，約1億度の高温ガスから放射される．従って，それぞれ約1千万度および約1億度の高温ガスのX線写真である．中心の明るい領域は，射手座 A East と呼ばれる銀河中心核の近くの超新星残骸である．一方，中性鉄輝線は絶対温度10度の冷たい分子雲から放射されている．つまり中心核付近を除き，約1億度の高温ガスが比較的一様に広がる中に，極低温ガスの塊があることが分かった．

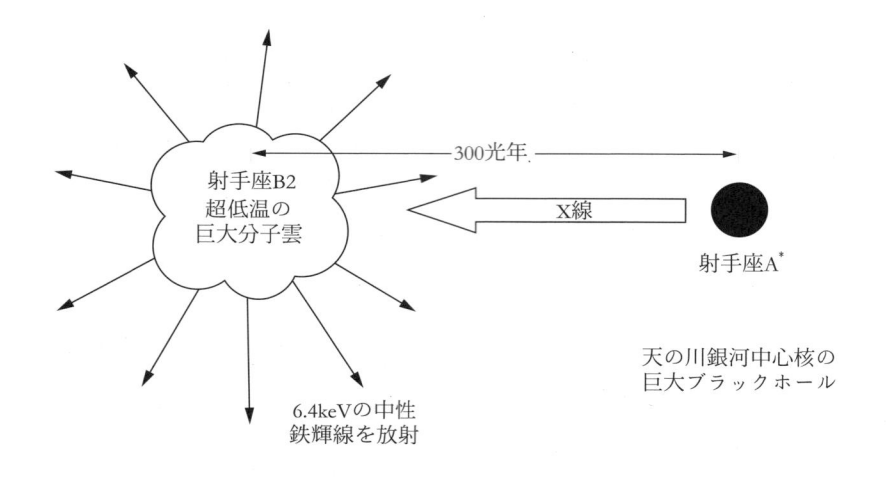

図6　X線反射星雲の模式図．距離300光年を光が進むのには300年かかる．現在は天の川銀河中心の巨大ブラックホール射手座A*は非常に暗い．しかし300年前に非常に明るかったなら，距離300光年先にある巨大分子雲にちょど現在届き，6.4keV中性鉄輝線で明るく輝く．

超低温の分子雲はそれ自体はX線を放射する事はできない．一つの有力な仮説は，今は静かな銀河中心巨大核ブラックホール（射手座A*）が過去に激しく活動を行い，それに照らされた分子雲が明るく輝いているというものである（図6）．我々はこれを「X線反射星雲」と命名した．「すざく」衛星はさらに観測を続け，このX線反射星雲の形成機構を解明するであろう．

4.2　銀河の大爆発が作った巨大プラズマの「帽子」

一方の超高温ガスの起源はどうだろう．銀河中心領域での激しい星生成によって大質量星が多数できると，数百万年後に超新星爆発が連続して起こる．その結果，冷たい星間ガスが約1億度にまで加熱されたという説が有力である．低温のガスは銀河の重力により銀河の中に留められている．しかし，超高温ガスはその高圧ゆえ，銀河の重力では，もはや閉じ込めることはできず，高温の「灼熱風」

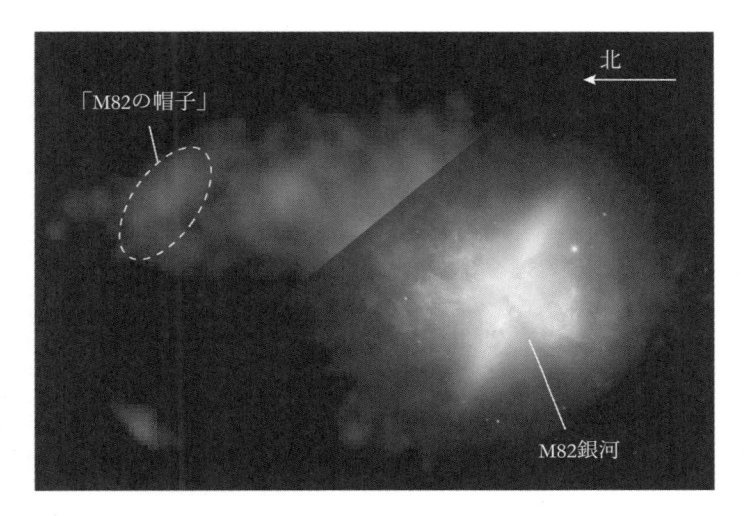

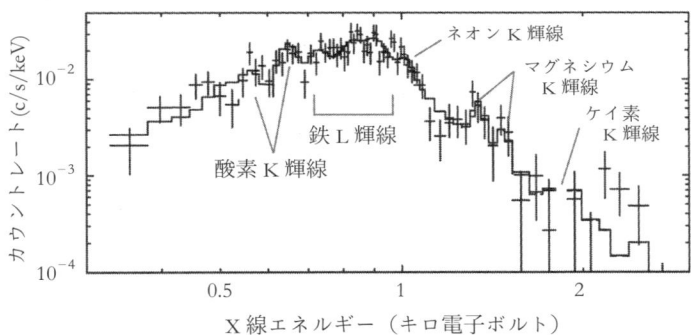

図7 「すざく」衛星で得たスターバースト銀河 M82 の X 線写真(上,巻頭口絵6も参照)と X 線スペクトル(下).Tsuru et al.(2007)から引用.「すざく」衛星の裏面照射型 CCD で得た X 線画像.M82 銀河の場所には,「チャンドラ」X 線衛星,「ハッブル」宇宙望遠鏡,「スピッツァー」赤外線衛星で取得された3色写真を重ねた.X 線:NASA/CXC/JHU/D. Strickland;可視光:NASA/ESA/STScI/AURA/The Hubble Heritage Team;赤外線:NASA/JPL-Caltech/Univ. of AZ/C. Engelbracht (http://chandra.cfa.harvard.edu/photo/2006/m82/)

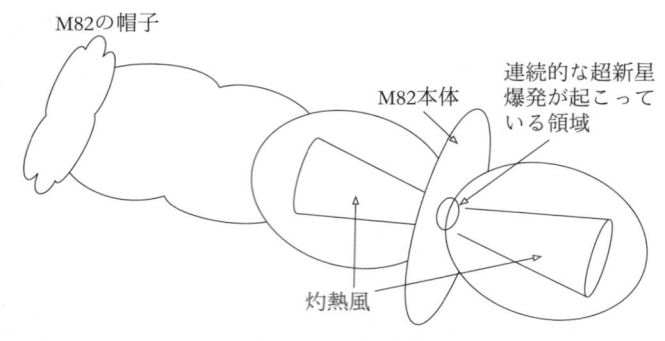

図8 スターバースト銀河 M82 の模式図.

として銀河間空間へ放出されてしまうのではないだろうか．それを捉えるには，銀河全体を一度に見ることの出来る，天の川銀河の外にある別の銀河を観測すると良い．

そこで「すざく」衛星は，激しく星生成と連続的に超新星爆発を起こしている M82 銀河を観測した（このような銀河をスターバースト銀河と呼ぶ）．その結果，この銀河の中心領域から高温ガスの「灼熱風」が噴出し，M82 から約 3 万 8 千光年もの距離に位置する巨大プラズマの塊「M82 の帽子」を作っていることを鮮明に捉えた（図7，巻頭口絵6）．この高温プラズマには酸素，ネオン，マグネシウム，ケイ素が大量に含まれ，鉄は相対的に半分に過ぎないことを解明した．これらは銀河の中にのみ存在する大質量星が超新星爆発して作った重元素であり，M82 銀河から約 3 万 8 千光年も離れた「帽子」の中で発見されたことは驚くべき事実である（M82 銀河のサイズは直径約 2 万 6 千光年）．さらに「帽子」と M82 銀河の間からも X 線が検出された．つまり両者を結んで高温プラズマが満たされていたのである．プラズマの速度は秒速約 400km だから M82 から帽子に達するには約 3 千万年必要である．よって，約 3 千万年前に M82 銀河で大爆発が起こり，超高温プラズマの灼熱風（銀河風）が放出され，今現在，「M82 の帽子」と呼ぶ特異な構造を作ったと結論できる（図8）．これから，この灼熱風は秒速約 400km の速度でさらに広がって行き，広大な銀河間空間を熱して行くだろう．その行方の謎もきっと「すざく」が解き明かしてくれるに違いない．

このように「すざく」衛星は，光と物質の相互作用の様々な形をとらえてきた．

ここに挙げた例はほんの一部である．これから巨大ブラックホールのまわりの高温ガスや銀河団高温ガスなど，多くのなぞが解明されていくだろう．

関連図書案内

小山勝二・嶺重慎編「ブラックホールと高エネルギー現象」日本評論社，シリーズ現代の天文学　第8巻，2007年
祖父江義明・有本信雄・家正則編「銀河II」日本評論社，シリーズ現代の天文学　第5巻，2007年
嶺重慎「ブラックホール天文学入門」裳華房，ポピュラーサイエンスシリーズ271，2005年
北本俊二「X線でさぐるブラックホール—X線天文学入門—」裳華房（ポピュラーサイエンスシリーズ178），1998年
柴崎徳明「中性子星とパルサー」培風館（NEW COSMOS SERIES 6），1993年
小山勝二「X線で探る宇宙」培風館（NEW COSMOS SERIES 2），1992年
松岡勝「X線で見た宇宙—ブラックホールと宇宙の果てを求めて—」共立出版（モダン・スペース・アストロノミーシリーズ），1986年
小田稔「X線天文学—X線からブラックホールへ—」中央公論社（自然選書），1975年

第6章
液晶の階層構造と構造色

山本　潤

1. ソフトマター

　今日では液晶はフラットディスプレイの材料として身近な物質であるが，液晶は液体のように流れるにも関わらず，光学媒質としては固体と同じような性質を示す．一方，紙おむつ，ゼリー，防振剤などのゲルでは，その主成分のほとんどが水などの液体でありながら，固体と同じように自ら形を保ち弾性体としての性質を示す．物質には本来，固体・液体・気体の3態があることがよく知られていたが，近年この常識的な区別が揺らいでいる．すなわち，液晶・高分子・エマルジョン・タンパク質・ゲル，さらに広い意味での生体組織などの物質は，いわゆる「物質の3態」には属さない固体と液体との中間的な状態を示し，"ソフトマター"と総称される．これらソフトマターの最大の特徴は"柔らかさ"である．またその柔らかさの源は，物質内部の構造がミクロな分子から何段階にもわたって，階層的に組織化されていることにある．一例をあげれば，究極のソフトマターと呼ぶべき生体構造中では，まず複数の種類の生体分子が脂質膜と呼ばれる数nmのナノ集合体を作る．次にこの脂質膜が集まって層状に積層されることで，リポゾームや脳組織の基礎となる構造ができる．さらにこれらの構造は細胞・神経といった生体内の組織を形作り，これらの組織が組み合わさって生物の体ができているのである．

　ここで結晶状態では，3次元で規則正しい結晶格子ができることにより，原

子・分子の運動性が失われるが，液晶を代表とするソフトマターでは，規則正しく整列することで逆に分子の運動性が増加する．これを熱力学の基本法則に戻って考えれば，結晶状態が原子・分子の格子エネルギーにより安定化されているのに対して，液晶状態は分子のエントロピーによって作られているということにほかならない．例えばネマティック相と呼ばれる液晶（図1a）では，細長い分子の長軸の向きが一定の方向に揃う"配向秩序"を持っているが，分子は液体同様自由に運動し重心位置はランダムな空間配置をとる．このネマティック相では，分子長軸の向きを揃えることにより回転のエントロピーを失うが，分子の向きが揃うために並進運動がより容易になり，並進のエントロピーは増加する．言い換えれば，分子の並進運動性を増大させ自由エネルギーを下げるために，逆に分子の向きは揃い配向の規則性が生まれる．

一方，ソフトマターの語源でもある"柔らかさ"とは生体組織にも共通の性質である．また液体と固体の中間的な状態にあり，複数の分子が集合して規則的な構造を作りながら，分子は各々自由に運動できるという特徴は，生体構造上で生命活動を行うことに必須の性質である．生体内には多種多様な分子が無数に集まり，それらの分子はあたかも指令されたがごとく，分子集団として自ら構造を作り生体機能の役割を果たしている．生命体や生命活動のメカニズムを物理系として理解するには，まだまだ知識が足りずその道程は長い．しかしながら，生体膜や神経組織などを理想化した，分子集合体の基本的なモデル系を使って，分子集合体間の相互作用やナノ構造の構築メカニズムを理解しようとする試みは，現時点でもすでにソフトマターの大きな目標の1つとして研究が進められている．

今日のトップダウンのナノテクノロジーとは，固体をいかに精度よく加工し利用するかという，技術を極めることに集中してきた．これに対して，ミクロな分子が自らナノスケールの構造を作り上げる，ソフトマターの物理的なメカニズムを理解して利用できれば，様々なナノ構造を持つ機能性の物質を自在にデザインする，究極のボトムアップのナノテクノロジーの世界を開拓することができる．このような研究の道筋は最終的には，ゲノム科学をはじめとする既存の生物物理学とは別のアプローチで，生体構造・生命活動の理解に迫ることができるはずである．さらに，ソフトマターの柔らかさは，電場・磁場・力学場・光など様々な入力を用いて，ナノ構造自体を簡単にコントロールすることを可能にする．最新

のナノテクノロジーを駆使して作られた，固体のナノ構造ではこのように自在で大きな制御性を得ることが原理的にできない．

2. 自然の色と構造色

　この節ではこうしたソフトマターのユニークな特質を光と物質の相互作用という観点で眺めてみよう．自然界には非常に多くの色が存在し，生物の5感の中でもっとも強力な視覚は，色の違いを通して実に多くの情報を得ており，生命活動の重要なセンサーである．たとえば薄暮のなかで人間の視覚検知の能力が格段に低下し，交通事故の多発が起こることが知られているが，このことからも如何に多くの情報が"色"に含まれているかを理解できる．人類が"色"を感じることができるのは，可視光と呼ばれる非常に狭い波長帯の電磁波と眼球内の生体物質との相互作用によるものである．可視光と呼ばれる電磁波の波長の幅が狭いのは，単純に生物の視覚センサーを形成する物質の感度や，眼球の光学的構造の帯域が狭いためであり，電磁波はラジオ波からガンマ線まで広い波長帯で存在する．生物の視覚センサーにおける，有効な波長帯とその帯域の狭さが多くの生物に共通していることは，それ自体不思議な特徴でもある．

　さて，物質が特徴的な色を帯びる理由にはいくつかの物理的起源がある．まず1つ目は，物質内に電磁波を共鳴吸収する内部エネルギー準位があるためである．すなわち，原子・原子団・分子・分子集合体など，物質内部に様々な運動のモードが存在し，このモードのエネルギー準位が光子1個のエネルギーと等しい場合，共鳴吸収が起こる．このため，NMR，ESR，マイクロ波，赤外，可視，紫外，X線，γ線など，非常に幅広い波長の電磁波を用いた分光法が，物質の構造解析に用いられている．このうち眼に見える色とは，可視光の波長帯の**吸収**によるものである．

　これに対して，空の色，虹の色，シャボン玉などの色は，光の波動としての性質を反映した物理現象で呈色する．例えばシャボン玉のような薄膜では，光路長が可視光の波長に近いため，2つの表面で反射された光が**干渉**して色がつく．液晶では，細長い分子の向きが一定の方向を向いているので，結晶とおなじように

複屈折性を示し,偏光方向の異なる2種類の波動が干渉して特徴的な呈色がおこる.

　光の波動としての性質によって色を帯びるその他の現象としては,光の**散乱**が上げられる.つまり,物質内に可視光の波長程度の屈折率の不均一があると光は散乱される.この空間的に不均一な領域の大きさが,波長より大きい場合は,ミー散乱とよばれ,光の進行方向に依存した偏りのある散乱が起こる.波長より小さい場合は,レイリー散乱と呼ばれる散乱が起こり,散乱の強さが波長に強く依存して,波長の短い光ほど散乱されやすい.空の色などはこのような散乱を起源とした呈色現象である.散乱は波動である電磁波に共通の性質であり,入射する電磁波の波長と不均一性の大きさとの関係が問題となるので,紫外線やX線など波長の短い電磁波では,より小さなスケールの空間的な不均一性で電磁波は散乱される.

表1　呈色の物理的原因と現実の色の関係

光の性質		色
エネルギー	吸収(・発光)	色素,ペイント,レーザー,分光
波動	干渉	シャボン玉,薄膜,液晶
	屈折・散乱	虹の色,空の色,構造色

　さて,空間不均一性があると電磁波は散乱されるが,特に空間不均一性に規則性がある場合にはブラッグ散乱とよばれる散乱が起こる."空間不均一性"が"規則性"を持つ典型的な例は結晶状態である.すなわち,結晶格子内では原子・分子が格子点に整列するため,誘電率が空間的に一様ではなく格子間隔と等しい周期で規則正しく変動する.このため結晶格子程度の波長(〜Å)を持つ電磁波,すなわちX線によりブラッグ散乱が起こる.この性質を利用して,固体結晶の構造解析や結晶形の同定などに,X線回折法が強力な実験方法としてよく用いられる.他方,たんぱく質のような巨大な分子の構造を,正確に解析するためにもX線回折法が用いられる.これは,たんぱく質結晶のように分子が規則正しく整列した状態からは,たんぱく質分子1つ1つからの散乱関数が,結晶の規則性の上に増幅されて観測できるためである.

一方で，X線の波長より長いスケールで空間規則性を持つ物質は極めて稀なため，ブラッグ散乱とはX線による特殊な散乱現象と誤解されやすい．しかしながら，物質内部の不均一性が可視光の波長程度の長さを持てば，当然波長の長い電磁波である可視光においてもブラッグ散乱が起こる．このように可視光の波長程度の空間的な規則構造による散乱が原因となって生じる色を"**構造色**"と呼ぶ．

驚くべきことに昆虫の甲殻には，まさにこの可視光のブラッグ散乱による呈色を示すものがある．すなわち，これらの表面には規則正しい回折格子のような構造が，生体物質の分泌により作られているのである．昆虫などの生命体が"構造色"としての発色の原理を，物理的に理解しているとは到底考えられない．しかしながら外敵から身を守るため，あるいは異性を惹きつけるためにこのような構造体をその身に纏う術を，長い年月を経て獲得していることは驚くべき自然の力といえよう．

一方最近，技術発展が目覚しいナノテクノロジーを駆使して，固体・金属の薄膜を精密に積み重ねたり加工することで，"フォトニック結晶"と呼ばれる可視光波長スケールの人工的な規則構造を作り，その中での特異な光の伝播挙動を調べたりその性質を利用する研究が盛んに行われている（第8章参照）．フォトニック結晶中では，規則構造の格子定数が入射光の波長と等しくなる領域で，光の伝播が禁止されるために，特殊な光学媒質としての性質が現れる．このため，レーザ・光通信技術への応用が期待されている．

ここで，1節ですでに説明したように，液晶・高分子・エマルジョンといったソフトマターの系では，分子集合体が可視光波長スケールの規則構造を自然に形成することが古くから知られている．固体を用いて作成されたフォトニック構造に対し，ソフトマターがつくる構造はとても柔らかく，電場・磁場・力学的な力・流れなどさまざまな外力で構造を自在に変化させられる点で，きわめて優れた長所を持っている．例えば，界面活性剤水溶液で発見されたある種のラメラ相では，非常に低濃度でも2分子膜が規則正しく整列し，可視光の波長の距離の間隔を保って層状構造を形成する．このため口絵7に示すように，溶液を白色光で照明すると，膜の間隔に対応した波長の光をブラッグ反射する．事実，濃度の増加に伴い膜間隔が狭まることで，ブラッグ反射の波長が短くなり色が変化していく様子が口絵7の写真でよくわかる．一方でラメラ相は，層面平行な方向には完全に

液体なので，写真に示したラメラ相は実は水の数倍の粘性率でさらさらと流れるのである．このように次元の異なる秩序性のために，"規則性"を持ちながら"動くことができる"点こそ，ソフトマターの本質的な特徴である．

3. 秩序と対称性

さてソフトマターの階層構造の基本となる液晶秩序は，棒状低分子・界面活性剤水溶液・高分子液晶・ジブロック共重合高分子など様々な物質で数多く発見されている．各々の物質系では別の液晶相として命名されている液晶相の中にも，分子の形状や構造といった微視的な特徴を粗視化することで，物理的にはアナロジーが成り立ち等価な秩序相として扱うことができる場合も多い．ここでは手短に最も基本的な棒状低分子液晶が作る3つの相を紹介したい．次節に紹介するようにこれらの基本的な液晶秩序はさらに空間的に変形したり，同時に2つの秩序が組み合わされたりすることで，さらに複雑で大きなスケールの構造を階層的に作ることがわかっている．

分子結晶の状態では空間における分子の重心の位置は3次元的に規則正しく各々の格子点に配置されており，それぞれの格子点における分子の方向も規則正しい．これに対して液晶状態にはさまざまな状態が存在し，おおまかにいって上に述べた結晶の状態と，分子の位置・方向が完全に自由でランダムな液体の状態との中間的な状態である．

たとえば，液晶ディスプレイにも使用されている最も対称性の高い液晶相はネマティック相と呼ばれる液晶相である．ネマティック相では分子の重心に関する位置の秩序はなく，異方的な形状を持つ分子の長軸の方向が一定の方向に配向した配向秩序のみを持つ液晶相である（図1a）．ネマティック相では重心位置の秩序がないため液体と同じように高い流動性を保っているが，配向秩序を持つために光や音の伝播は結晶同様に強い異方性を示すのである．

さらに，分子内に不斉炭素があるような分子の場合，らせん状の構造が自発的に形成され，ネマティック相の配向軸がらせん状に回転してコレステリック相となる（図1b）．ここでらせんが1回転する長さの周期をピッチと呼ぶ．ピッチの

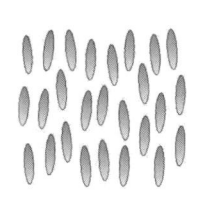

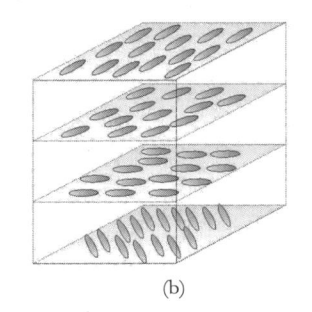

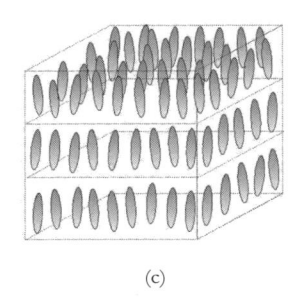

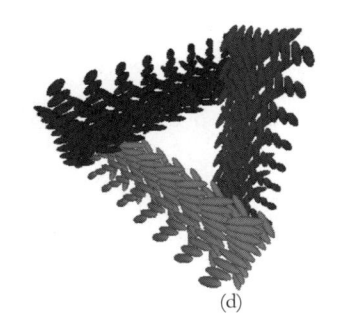

図1 液晶相における分子配列の模式図
(a) ネマティック相（分子の重心の配置はランダムで液体と同様だが，棒状の分子の長軸が1方向に規則正しく並ぶ配向秩序を持つ）
(b) コレステリック相（ネマティック相の配向方向がさらにらせん状にねじれている）
(c) スメクティック相（1次元的な分子の位置の秩序があり層状構造を持つが，層内では分子は液体的で流動できる）
(d) コレステリックブルー相（コレステリック相のらせん軸が3次元的な格子を組んだ規則構造だが，分子は液体的に流動できる）（京都大学理学研究科　佐海文隆氏描）

長さは物質の種類，温度，その他の条件に依存して変化するが，可視光の波長程度のピッチを持つコレステリック相では特定の波長の可視光を選択的に反射して構造色を示す．

さらに温度が低い場合，ある種の液晶分子では，スメクティック相と呼ばれる別の液晶相に相転移する．スメクティック相は1次元の分子の位置の秩序を持っているが，層内では分子は液体的で容易に流動する（図1c）．つまり，層に垂直

な方向には1次元的に対称性が破れて結晶と同じような秩序を持つが，層内では完全な液体状態である点で固体とは全く異なる状態である．界面活性剤水溶液におけるスメクティック相は，2分子膜が1つの層を形作り古くからラメラ相と呼ばれて研究されている．前節口絵7で紹介したように，特殊な物質では一層と層の間の間隔が可視光の波長程度まで膨潤してブラッグ反射を示すため構造色を呈色する場合がある．

　さてここで，一般に空間に秩序すなわち規則性が生まれると"対称性が破れる"ことが知られている．例えば，物質内の適当な位置から始めて，空間を移動する際，結晶軸に沿った方向には，格子定数と等しい距離で原子・分子を周期的に発見できるが，それとずれた方向にはそうではない．つまり空間の全ての方向は等価（対称）ではなくなるのである．これに対して液体では，3次元空間すべての方向に原子・分子を発見できる確率は等しく，この意味で"球形な等方性"を保有している．

　一方，ネマティック相やコレステリック相などの液晶相では分子の重心位置の秩序はなく，分子自身は液体同様にランダムで流動しているにもかかわらず，1つ1つの分子の方向だけが一定の方向に配向した配向秩序を持っている．ネマティック相やコレステリック相では，並進対称性は破られていないが回転対称性は破れている．

　さらに，結晶構造には立方晶・6方晶・斜方晶など様々な構造があり，様々な対称性が存在する．ここで，立方体や直方体など単一の種類の単位格子を用いて，空間を隙間なく埋める方法は数学的に厳密に計算されており，単位格子の種類とその単位格子によって作られる空間対称性の種類は限られている．しかしながら，複数の種類のユニットを組み合わせることで別の対称性を持つ結晶構造を創ることも可能であり，ペンローズ模型に代表されるような準結晶や超格子といった新しいタイプの結晶構造の研究もさかんに行われている．

4. 液晶秩序の欠陥が作る巨大な3次元規則 ── コレステリックブルー相（ChBP）とスメクティックブルー相（SmBP）

　コレステリック相を示すある液晶物質では，等方相とコレステリック相の間の

1℃くらいの狭い温度領域において，図1bのらせん軸が図1dのように3次元空間に自然と規則正しく配列した，コレステリックブルー相（ChBP）と呼ばれる不思議な構造を持つ相が現れることが古くから知られている．ChBPは立方晶となるため，屈折率の異方性が見かけ上なくなり複屈折を示さない．しかしながら，分子配向のらせん構造のねじれの向きに由来する旋光性を持つため，ChBPの立方晶の結晶粒と光軸の向きに関係して，色の異なる多結晶的なモザイク模様を偏光顕微鏡で観察できる．

図1dに示したChBPの格子の1辺の長さ（＝格子定数）は，可視光の波長におよぶ巨大なものであり，温度や濃度などの条件で変化する．したがって可視光を入射光として，X線回折法と同じ散乱実験を行うとラウエ斑点やコッセル線を観察することができ，巨大な結晶格子からのブラッグ反射が起こることがわかる．しかしながら，らせん軸の配置は結晶のように固定されているが，分子の重心位置はランダムで液体同様自由に流動できるという不思議な状態となる．事実ChBPには剛性率が存在するが，その値は固体に比べて6—7桁も小さく微小な応力で容易に格子が塑性変形することもわかっている．つまり，ChBPは可視光の波長の眼で見るとあたかも結晶に見えるが，分子大きさまで拡大して見ると液体と同じ状態にある．

一方，スメクティック相の層状構造（図1c）とコレステリック相のらせん構造（図1b）は，分子配向のねじれが層のねじれを誘起するため，2つの構造を同時に共有することは難しい．このようなミクロな液晶秩序の競合のために，数々の新しい液晶相が生み出される．最近でもっとも有名な例は，ツイストグレインバウンダリー（TGB）相と名づけられた液晶相の発見である．TGB相は，超伝導のアブリコゾフ格子との，自由エネルギーの相似性を用いた理論的研究から予言され，現実の液晶相として実験で確認された．

このように超伝導と液晶，あるいは固体とソフトマターという物質系を超えた大きな枠組みで，普遍性が成り立つところが物理学の興味深いところである．さらに最近では，上に述べたChBPとTGB相の特徴をあわせもち，スメクティック層状構造とらせん構造が共存して，複雑な3次元周期構造を形作る3つのスメクティックブルー相（SmBP）が新たに発見された．これらのSmBPのうちの2つ（$SmBP_1$, $SmBP_2$）はChBPと同じように立方対称性を示し，偏光顕微鏡ではモザイ

ク模様が観察できて，可視光波長のらせん軸の格子を持つことがわかっている（口絵 8 左半分の偏光顕微鏡写真参照）．

最近我々は，強誘電性液晶のモノマーと，ちょうどモノマーの 2 倍の長さを持つダイマーを用意して 2 成分混合系の研究を行った．この結果，ChBP，SmBP と類似の物性を示すがさまざまな点で新しい性質を持つ液晶相を発見し，これを等方性スメクティックブルー相（$SmBP_{Iso}$）と名づけた．

$SmBP_{Iso}$ は ChBP や他の SmBP とおなじように，らせんピッチの周期に一致した強いブラッグ反射により可視光波長の構造色を示す．試料を光路長 1mm の光学セルの中にいれ，試料セル後方からポラライザーを通して偏光させた白色光で照明し，アナライザーを直交させて等方相から冷却しながら撮影した写真を口絵 8 に示す．右下の写真から順に反時計周りに温度が低下している．偏光顕微鏡写真から明らかなように $SmBP_{Iso}$ ではモザイク模様は見られず，試料全面で完全に一様な構造色を呈色する点が，他の SmBP と決定的に異なる特徴である（口絵 8 右半分の偏光顕微鏡写真）．構造色の波長は温度の低下とともに長波長側にシフトする．さらに温度を下げるとモザイク状のパターンが観測される別の SmBP である $SmBP_2$ へ相転移する（口絵 8 左半分の偏光顕微鏡写真）．ここで逆に $SmBP_2$ から昇温すると，降温時にモザイク模様が現れた温度と全く同じ温度で，温度履歴なく熱可逆的に $SmBP_{Iso}$ に戻り一様な呈色状態となる．この温度可逆性から $SmBP_{Iso}$ は熱力学的に安定な一つの"相"であることが証明される．

さらに $SmBP_{Iso}$ の特徴的な性質とは，試料をどのように回転しても観測される色や試料の一様性が全く変化しないことである．ChBP や他の SmBP で観察されるモザイク状のパターンでは，通常の固体の多結晶と同じように結晶軸がドメインごとに異なる方向を向いているため，試料を回転するとブラッグ反射の波長が変わり色の変化が観測される．すなわち，角度に依存しない $SmBP_{Iso}$ の"等方性"構造色とは，らせん構造の空間規則性により対称性が破られて，特定の方向に異方軸が存在するにも関わらず，巨視的にはらせんの向きが全くランダムに分布しているように見える，不思議な規則性といえる．

このような性質が現れる原因の 1 つとして，$SmBP_{Iso}$ が光学顕微鏡で観察が困難なほど小さい微結晶粒の集まりでできていると仮定すると，結晶軸があらゆる方向を向いているために，見かけの等方性が現れると理解できる．このような多

結晶状態の結晶粒界面では，屈折率の不連続が存在し光を強く散乱することが予想されるが．現実の試料の透明度は非常に高く，分光測定からブラッグ反射の波長より十分長波長の光はほとんど透過しておりこの仮説は否定される．さらに昇温過程において，モザイク模様を示す $SmBP_2$ から一様な $SmBP_{Iso}$ へ戻るとき，十分大きく成長した多結晶ドメインが，小さく破壊されていく様子は確認できずにモザイク模様は溶けるように消滅する．これらの事実から，$SmBP_{Iso}$ の構造色の等方性は，多結晶など相転移のプロセスによるものではなく，$SmBP_{Iso}$ に特有な内部構造に本質的な起源があると結論できる．

最後に，ブラッグ反射の選択反射波長は温度に強く依存しており，高温側では青色であり，温度を下げるとともに緑色になり，波長は長くなる．口絵 9 に温度を変えて撮影した写真を重ね合わせて，色の温度依存性を示した．狭い温度幅で選択反射波長が大きく変わっていく様子がよくわかる．

5. 等方秩序とランダムな多層共連結構造

偏光顕微鏡観察や選択反射のスペクトル測定から ChBP や SmBP の構造色の原因は，図 1d に示したような液晶分子の配向がつくるらせん構造が 3 次元空間に規則正しく並び，数 100nm という巨大な格子定数を持つ格子にあることがわかっている．では ChBP と SmBP そして $SmBP_{Iso}$ は，それぞれどのようなナノ構造の違いと特徴を持っているのだろうか？

そこで，可視光に対して 2 桁ほど短い波長を持つ電磁波である，X 線を用いた構造解析法で各相を調べてみた．まず ChBP では X 線の波長，すなわち 1nm 程度の長さのスケールには特徴的な散乱は観測されない．つまり数 100nm で観測される巨大ならせん構造の格子の存在に反して，分子の大きさ程度の領域で見た場合は，通常のネマティック相やコレステリック相と同様に，液晶分子はランダムで液体のように自由に並進運動している．

これに対して SmBP では，数 nm の分子長とほぼ同じ長さの小角領域に，固体に比べるとかなり幅の広い X 線散乱ピークが観測される．このような X 線散乱ピークの特徴は，図 1c に示したスメクティック相と呼ばれる液晶相に典型的な

もので，分子が長軸に平行な方向に，規則正しく1次元的に並んだ層状秩序の存在を示す．スメクティック相では，層内の分子は液体的で自由に流動できる点で固体とは異なり，X線散乱ピークのブロードな幅はこのような分子の運動性に起因している．

つまりSmBPにおける可視光とX線の2つの波長の異なる電磁波を用いた実験から，数100 nmの周期で分子の配向方向が回転するらせんが作る3次元的格子と，スメクティック相と類似の数nmの分子長程度の周期を持つ1次元層状構造の2つが同時に存在していることがわかる．しかしながらそれでもなお，$SmBP_{Iso}$と他のSmBP相の間にはX線散乱実験においても定性的な差は見出せない．したがって両相の違いとは唯一，$SmBP_1$や$SmBP_2$では，らせん構造の3次元結晶的な規則性の存在が確認されるのに反して，$SmBP_{Iso}$ではモザイク模様が消滅して一様になり，等方的な構造色を呈色することである．では，いったいSmBPや$SmBP_{Iso}$のミクロな基本構造とはどのようなものであり，$SmBP_{Iso}$と他のSmBPの構造の本質的な違いとはいったい何であろうか？

ここで，SmBPに共存・競合するらせん構造と層状構造の2つの液晶秩序は，ともに図1に示されるように本質的な異方性を持っている．それにも関わらず，$SmBP_{Iso}$は巨視的に球形な等方性を示す点が重要な鍵である．このような状態が実現されるには，ミクロには明瞭に存在する液晶秩序が，長いスケールで捩じ曲げられて方向分布がランダム化され，巨視的には異方性が消滅するような物理的な機構が必要である．

そこで我々は凍結割断・レプリカ法とよばれる電子顕微鏡観察の方法を用いて，$SmBP_{Iso}$の透過電顕（TEM）観察を試みた．凍結割断レプリカ法とは，試料を急速に凍結した後にハンマーのような器具で試料を割り，その表面に金属を蒸着して表面のレプリカ膜を作成し，この膜を電子顕微鏡で観察するものである．生体標本では，生体構造とそれを取り囲む水との間に力学的な性質の違いがあるため，この界面を境にして標本が破断しやすい．このため直接的に生体内のナノ構造を可視化することができる．一方，スメクティック相の層状構造のような場合，雲母のように層面に平行な方向に構造が剥離しやすい．つまり結果として，凍結割断・レプリカ法で得られた膜上には，破断した面の立体的な形状の情報，すなわち層の配列の仕方が記録されているはずである．

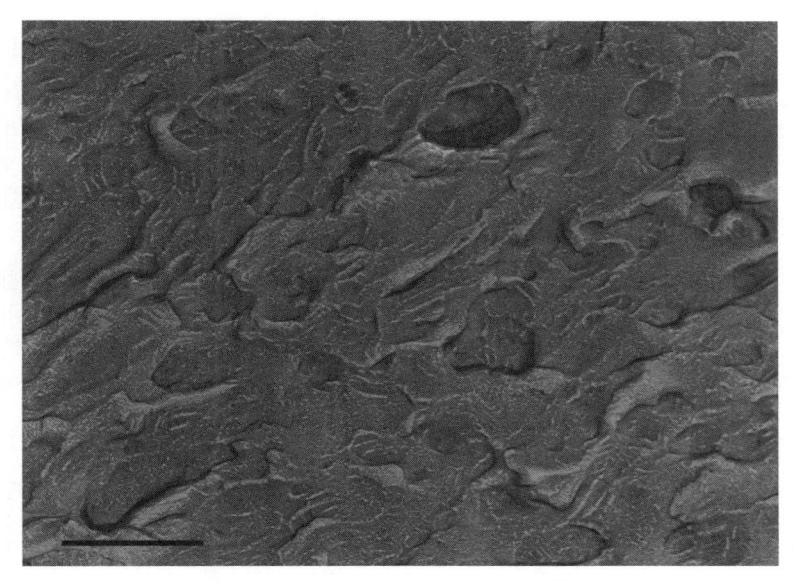

図2 SmBP$_{Iso}$ における凍結割断サンプルの透過電子顕微鏡写真．スポンジ状の多層ラメラ構造が確認できる．特徴的な長さは光の波長に近いが，大きな分散を持ち，空間的な規則性もないランダムな構造であることがわかる．

実際に SmBP$_{Iso}$ を凍結割断・レプリカ法で観察した図2の写真からは，多数のスメクティック層が積み重なった玉ねぎ状の層状構造が確認できる．また TEM 写真から，玉ねぎ状に曲がったスメクティックの層状構造は可視光波長のスケールで歪み，共連結構造と呼ばれるスポンジ状の構造を作っていることもはっきりと確認できる．写真中のバーは 500nm であり，写真に写っているスポンジ状の構造が持つ特徴的な長さは大きな分散を伴ってはいるが，ほぼ可視光の波長のスケールに分布していることもわかる．細かい筋状の模様は数 nm 周期の層構造が破断面に作るステップ状の模様であると考えられる．これらの TEM 観察の事実から，SmBP の基本構造は複数の層が束なって変形歪曲した，多層の共連結構造であると結論できる．一方で，最近の理論的研究から，キュービック結晶的な SmBP のモデルとして，図 3d に示したように規則正しく並んだ多層相互連結構造が提唱されている．すなわちスメクティックの層構造が，多層（マルチラメラ）に束ねられた状態のまま変形し，鞍点型と呼ばれる 3 次元曲面特有の形を可視光

第 6 章 液晶の階層構造と構造色　　115

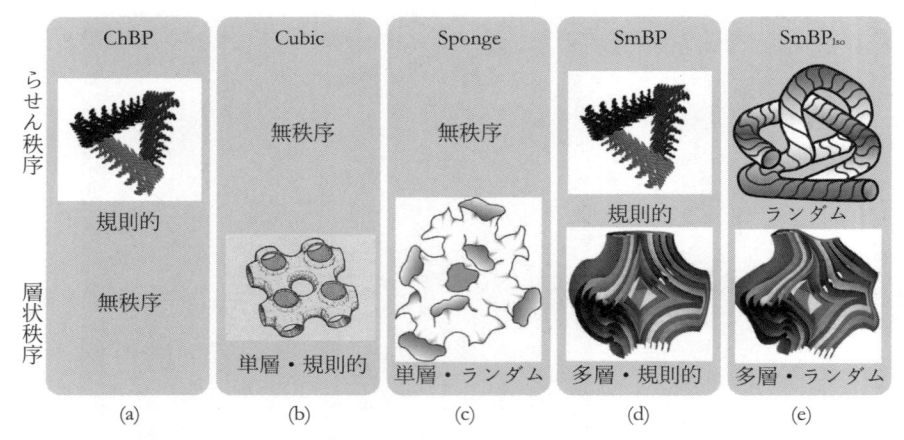

図3 ブルー相の模式図と共連結構造
   (a) コレステリックブルー相：らせん秩序の3次元講師だけが存在し，層状秩序は無い．
   (b) リオトロピック液晶のキュービック相：1枚の層（2分子膜）が変形して共連結構造を作り3次元的に規則正しく整列している．らせん秩序は無く，格子の1辺の長さは濃度によるが一般に分子長程度．
   (c) リオトロピック液晶のスポンジ相：2分子膜がキュービック相と同じように共連結構造を作っているが，配置がランダムで無秩序な相．
   (d) スメクティックブルー相：多層の層状秩序を持ちながら，層周期の数100倍のスケールでは共連結構造を形成し，3次元的に規則正しく整列している．1辺の長さはコレステリックブルー相に近い数100nmとなる．らせん秩序，層状秩序が共存して空間的に歪曲している．
   (e) 等方性スメクティックブルー相 スメクティックブルー相の共連結構造と同じ多層の構造を持つが，c)のスポンジ相と同じく規則性がなく，ランダムな共連結構造．

の波長程度の特徴的長さで作り，互いに連結した共連結構造こそが SmBP の基本構造である．

　ところでこのような共連結構造とは，ミクロ相分離構造を基本としたソフトマターの典型的な内部構造の1つであり，図3に示すように界面活性剤の系をはじめとして，高分子共重合体，低分子液晶などさまざま物質で同じような構造が見つかっている．ただしこれまで発見された共連結構造は全て，図3bの界面活性剤のキュービック相の模式図のように，ミクロ相分離によるナノ界面が1枚づつ変形・歪曲しながら相互に空間を連結して構造（ユニラメラ構造）であり，図3d, e の SmBP の実験結果，理論が考察するような多層の構造が束ねられたまま変形・

歪曲した共連結構造（マルチラメラ構造）は，他のソフトマターの物質系ではまだ発見されていない．

さて，界面活性剤水溶液に一般的なユニラメラの共連結構造では，単位となるユニットが等しい大きさで規則正しく整然と整列しているキュービック相（図3b）と，これらユニットのサイズがまちまちで，ランダムな配置を持つスポンジ相（図3c）の2つの相が現れることが知られている．また，キュービック相とスポンジ相の間には，濃度や温度に依存した秩序—無秩序転移が存在することも実験的に確認されている．

以上の実験事実から，単層の変形ラメラ構造がキュービック相（図3b）からスポンジ相（図3c）への相転移するように，多層のキュービック相であるSmBP（図3d）が融解して，ランダムな多層のスポンジ構造（図3e）に相転移したものが$SmBP_{Iso}$であると結論できる．このため，多層のスポンジ構造では，図3eのらせん秩序の模式図に示すように，らせん軸の方向が連続的にねじれて，空間にランダムに存在していると考えられる．これが，局所的には2つの液晶秩序（数100 nmのらせん構造と数nmの層状構造）が同時に存在しているにもかかわらず，巨視的には**"完全に球形な等方性"**を自発的に回復し，全ての方向に均一な**"構造色"**が観測されるメカニズムである．つまり，$SmBP_{Iso}$の球形な等方性は，無秩序なスポンジ状の共連結構造が持つ本質的な等方性に起因すると理解できる．そこで我々は，この"新しい対称性"を持つ等方性スメクティックブルー相（$SmBP_{Iso}$）を**"等方秩序"**と名づけた．

固体と同じ規則性を持ちながら，液体と同じ球形な等方性を示す物質は他には見つかっておらず，まさにソフトマターの不思議な構造により生み出された物質の新しい対称性である．

関連図書案内

岡野光治・小林駿介「液晶（基礎編）」培風館，1985年
液晶便覧常任編集委員会編「液晶便覧」丸善，2000年
　イアンW.ハムレー（好村滋行他訳）「ソフトマター入門」シュプリンガー・フェアラーク東京，2002年
　今井正幸「ソフトマターの秩序形成」シュプリンガー・ジャパン，2007年

S. チャンドラセカール（木村初男・山下護訳）「液晶の物理学（物理学叢書）」吉岡書店，1995 年
土井正男・小貫明「現代物理学叢書　高分子物理・相転移ダイナミクス」岩波書店，2000 年

第7章
太陽プラズマ現象

柴田　一成

1. はじめに

　太陽は地球のあらゆる生命のエネルギーの源である．そのエネルギーは光の形で太陽からわれわれに届けられる．地球が生まれて46億年の間，太陽は絶えることなく地球に大量のエネルギーを光の形で送り届けてきた．人類は，太陽は永遠不変であると永らく信じて疑わなかったが，実はそうではないことがこの数十年の研究で判明した．太陽は一種の変光星だったのである．変光の程度は0.1％の微々たるものであるが，何しろ太陽は地球の大気や生命のエネルギーの源である．わずかな変動も積み重なれば大きな影響となるかもしれない．のみならず可視光ではわからなかった太陽の驚くべき素顔が，人工衛星からのX線観測の発展によって明らかにされた．太陽は強いX線を放射する爆発だらけの恐ろしい星であることが判明したのである．
　太陽の明るさはなぜ変動しているのだろうか？　その地球への影響は何か？　太陽の爆発の原因は何だろうか？　そもそも太陽はどうしてX線を放射しているのか？
　本章では，以上の太陽プラズマと光のかかわりに関する3題噺，すなわち，(1)太陽の明るさの変動，(2)太陽の爆発（フレア），および，(3)太陽コロナ加熱問題（すなわちX線の起源の問題）について解説する．

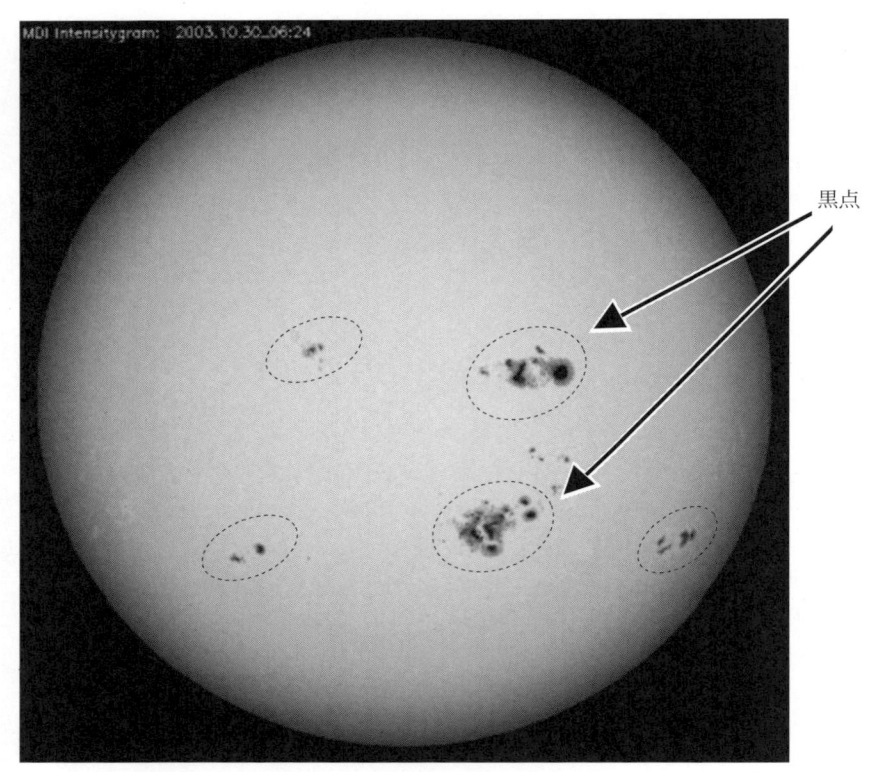

図1 可視光で見た太陽：光球（SOHO（ESA & NASA）/MDI）

2. 太陽光 —— 黒点周期と太陽輝度変動

　まず図1をご覧いただきたい．これは可視光で見た太陽である．見えている表面は光球と呼ばれ，およそ6000度の状態にある．ところどころに見える黒い点々が黒点だ．黒点の正体は磁場である．つまり，一種の巨大な磁石のようなものだ．ただし，太陽は高温プラズマ状態にあるので，"磁石"という石があるわけではない．黒点は普通ペアで現れ，これが磁場のNとSに対応している．Hα単色光で観測すると，黒点の周りに筋模様が無数に見える．これは磁力線の分布を表している．実際その模様は，棒磁石の周りに置かれた砂鉄の見せる筋状模様（磁力線）

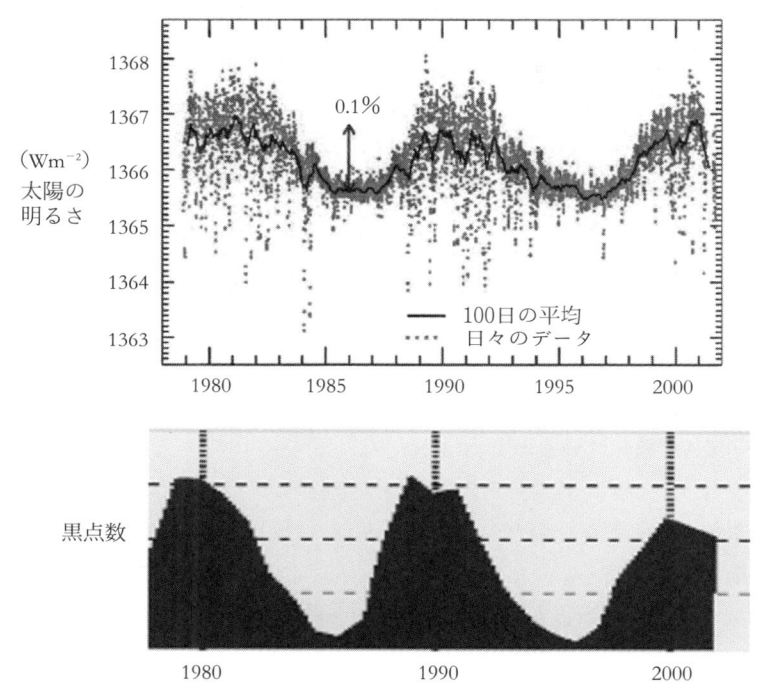

図2 太陽の明るさ（上）と黒点数（下）の 11 年周期の変動（上：http://www.pmodwrc.ch/pmod.php?topic=tsi/compsite/SolarConstant のデータに基づく．下：http://www.ngdc.noaa.gov/stp/SOLAR/SSN/image/unnual.gif）

にそっくりである．黒点磁場はあらゆる太陽活動の源泉である．

　黒点の数は一定ではない．11 年ごとに増えたり減ったりする（図2（下）参照）．その変動によって地球の上層大気も 11 年周期で変動を受ける．黒点が増えると太陽紫外線や X 線が強くなる．これらの太陽放射線はオゾン層や電離層でよく吸収されるので，黒点が増えるとこれら上層大気は大きな影響を受ける．このようなこともあって，黒点周期と気候変動との関係は，古くから疑われていた．しかし，エネルギー的には紫外線や X 線の変動は，太陽の明るさ（可視光のエネルギー）に比べると微々たるものである．それが我々の住む下層大気（対流圏）にどの程度影響があるのか，まだわかっていない．そもそも気象学では雲の物理さえ解明されていないのである．一方，可視光は我々の住む下層大気（対流圏）に直接届くので，少しでも変動があれば，そちらの影響の方が大きいかもしれない．

そもそも太陽の明るさ（可視光）は一定なのだろうか？

これまで太陽の明るさは地上で測定されていたが，地上では大気の吸収があって，精密な測定ができない．そこで20数年前から人工衛星による太陽光の精密測定が始まった．その結果，驚くべきことがわかった．太陽の明るさは，黒点周期で変動するのである（図2（上）参照）．その変動幅はわずか0.1%であるが，これは地球に降り注ぐエネルギーの平均量が11年で0.1%増えたり減ったりする，ということだから，きわめて重大である．地球の平均気温の20世紀中における上昇率が0.5℃/100年と言われている（宇沢弘文著「地球温暖化を考える」岩波新書1995）．大気の平均熱エネルギー（絶対温度で300K）に対して，変動幅は100年で0.5/300＝0.0017〜0.2%となる．これに対してエネルギー源である太陽の明るさは11年で0.1%変動しているのである！

図2をもう少しよく見ていただきたい．全般的にみると太陽の明るさは黒点数が増えると増大するが，個々の点を見ると点のばらつきも大きくなり，黒点数が多い時期に太陽が暗くなっていることもある．この理由は簡単である．黒点は暗いのである．大きな黒点が出たり，黒点が多数出現すると太陽は暗くなるのだ．したがって，黒点数が増えると太陽は暗くなるのが自然なのである．黒点が出現する時期に，どうして太陽は平均的に明るくなるのだろうか？

よく知られているように太陽のエネルギーは，中心核における核融合反応で解放されたエネルギーである．それが中心付近で放射の形となりでおよそ1千万年かけてゆっくりと外側に運ばれる．半径で表面から30%の深さのところで，対流でエネルギーを運ぶ方が効率良くなり，そこから対流が発生する．磁場が生成されるのは，まさにこの対流層だと考えられており，そのときエネルギーの一部が磁場に渡される．黒点は磁場なので，黒点が増えるということは，磁場によって表面に運ばれるエネルギーも増える，ということなのかもしれない．ただし，確かなことは何もわかっていない．

そもそも黒点磁場はいかにして生成されたのだろうか？　黒点の分布を見ると，おもしろいことに気づく．黒点のNSのペアは大体，赤道に平行である．また，黒点が現れる緯度は中緯度帯である．赤道の上や北極南極に黒点が現れることはない．磁場分布を詳しく見てみると，北半球と南半球とでNSの向きが逆である．さらに長期にわたって磁場分布を調べてみると，11年周期の次の11年で

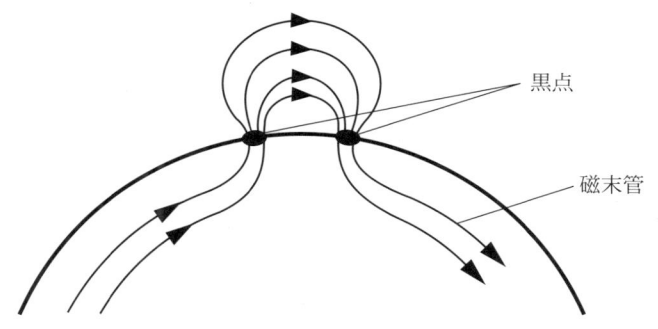

図3 黒点と磁束管の浮上

は黒点磁場のNSの向きが反転している．磁場の向きまで考慮した真の黒点周期は22年だったのである！　他の観測より，黒点は太陽の内部から浮き上がってきた磁束管の切り口であると信じられている（図3）．以上のことを考慮すると，黒点を作っている磁束管は太陽の内部（おそらく対流層の底部）の中緯度帯に，ほぼ赤道に平行に埋まっているらしい．それが北半球と南半球で逆向きなのだ．たぶんここまでは確からしい（と私は思う）．ちなみに，数年前に京都賞を受賞されたパーカー先生に「太陽内部磁場はどうなっているのですか？」とかつて質問したことがある．そのとき先生は「確かなことは何もわかっていないが」と前おきをした上で，「私はこう思っている」と，以上の描像を話された．私はこの描像はほとんど定説だと思っていたので，その慎重な言い方に新鮮な驚きを感じたのをよく覚えている．要するに太陽の内部の磁場はまだ誰も直接「見た」ことがないのである．

　さて，以上のような磁場はどうして生成されたのか？　これには太陽の自転が大きな役割を果たしていると考えられる．太陽は巨大なプラズマの塊なので，固体のような剛体回転ではなく，いわゆる差動回転をしている．赤道付近が一番速く回転し，極付近がもっとも遅い．このような差動回転をしている太陽に南北方向磁力線が存在するとしよう．すると，プラズマ中の荷電粒子は磁力線に巻きついているので，ほとんどプラズマは磁力線に「凍結している」（Alfven-1970年ノーベル賞）と言って良い．したがって，磁力線は太陽の自転とともにねじられることになる．太陽が回転すればするほど磁力線はぎりぎり巻きにねじられるので，最終的に磁力線は回転方向に平行，すなわち，赤道に平行になる．ねじり方を考

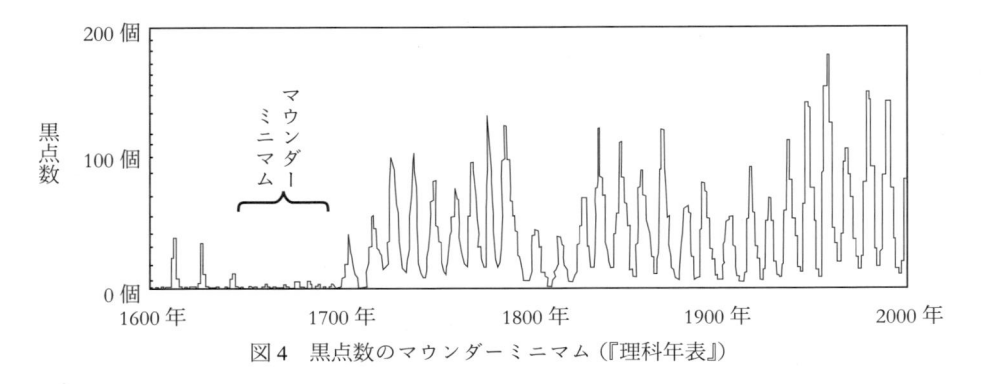

図4 黒点数のマウンダーミニマム（『理科年表』）

えると，南半球では磁力線の向きは北半球と逆向きになることもわかる．このようにして南北の磁力線が東西方向の磁力線に変えられるメカニズムのことを ω 効果と呼んでいるが，逆に東西方向の磁力線を南北方向に変換するメカニズムが難しい．両者がうまくいってはじめて磁場生成理論（ダイナモ理論）が完成するのであるが，基礎方程式が非線形なので，解くのが困難であり，まだ全くの謎と言って良い．そもそもダイナモ理論どころか，差動回転（赤道加速）のメカニズムですら未解決である．

　上述のパーカー先生はかつてダイナモ理論の線形理論（ $\alpha\omega$ メカニズムと呼ばれる）を発展させ，パラメータをいくつか仮定すれば黒点の 11 年周期の性質の多くが説明できることを示した．この功績により，パーカー先生はかつてノーベル賞候補にもあがったと言われる．しかし，ダイナモ理論は非線形になると途端に難しくなり，現在壁にぶち当たっている状態なので，この功績によるノーベル賞は難しいだろう．パーカー先生自身も次のように言っておられる：「私が若いときは，太陽風もコロナもダイナモも，すべてわかったと思っていたが，30 年の時を経て，すべてわからなくなった．太陽は謎だらけだ．」

　さて，黒点の 11 年周期はずっと規則正しく続いているものなのだろうか？図 4 を見ていただきたい．振幅の変動こそあれ，1700 年頃からは大体ずっと規則正しく 11 年周期が続いているが，1600 年代に黒点が非常に少ない時期があるのがわかる．これは最初の発見者の名前にちなんで「マウンダーミニマム」と呼ばれる．最初に気候変動と黒点との関連について述べたが，実際，この時期は地球全体が寒冷化した時代（ミニ氷河期）に対応する．その頃に描かれた風景画を見

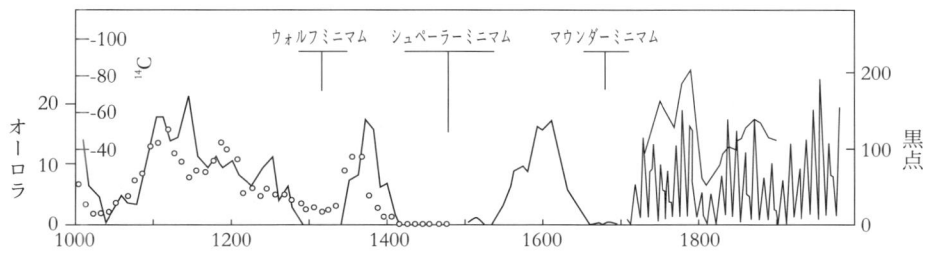

図5 長期の太陽活動変動（John A. Eddy Science. 192, 1189（1976）を改変）

ると，現在では決して凍ることのないテムズ川が全面的に凍っているシーンが描かれていたりする．また，日射量がすくなかったため，樹木があまり成長しなかったことが，年輪の調査からもわかっている．

年輪中に含まれる炭素の放射性同位元素を用いると，さらに長期の黒点数変動がわかる．というのは，黒点数が増えると惑星間空間中の磁場が強くなって，地球に届く宇宙線（荷電粒子）の量が減るからである．木の年輪中には，宇宙線の衝突によってできた炭素の放射性同位元素（C14）が蓄積されているので，C14の量を測ることにより，黒点数の年次変化を間接的に推定できるのである．図5はそのようにして得られた約1000年にわたる ^{14}C の量の変化が示されている（1900年以前のなめらかな実線）．1700年以後の黒点数の長期変動と ^{14}C の変動は大体一致している．また，この図にはオーロラの数の変動も白丸で示されており，推定された黒点数（C14）の変動と大体一致することがわかる．オーロラも黒点数が増えると数を増すので，この図は1000年にわたる黒点数の推定は大体正しいことを示している．以上を確認したうえで ^{14}C の変動をもう一度見ると，15世紀，14世紀に50—100年間，マウンダーミニマムのように黒点が以上に少ない時期があったのがわかる．それぞれシュペーラーミニマム，ウォルフミニマムと呼ばれる．

図6はさらに長期の黒点数変動（^{14}C 変動）を示す．およそ5000年の変動である．ここには気温や氷河の量の変動も示されており，それぞれ黒点数の変動と良く合っていることが見て取れる．このように，多くはいまだ間接的アプローチであるが，「黒点数が減ると地球は寒冷化する」ということが経験的に判明してきたといえる．これは冒頭で述べた，「黒点数が減ると太陽は暗くなる」ことの帰結であろうか？　太陽の明るさの変動はわずか0.1％であるが，それが地球寒冷

第7章　太陽プラズマ現象　　125

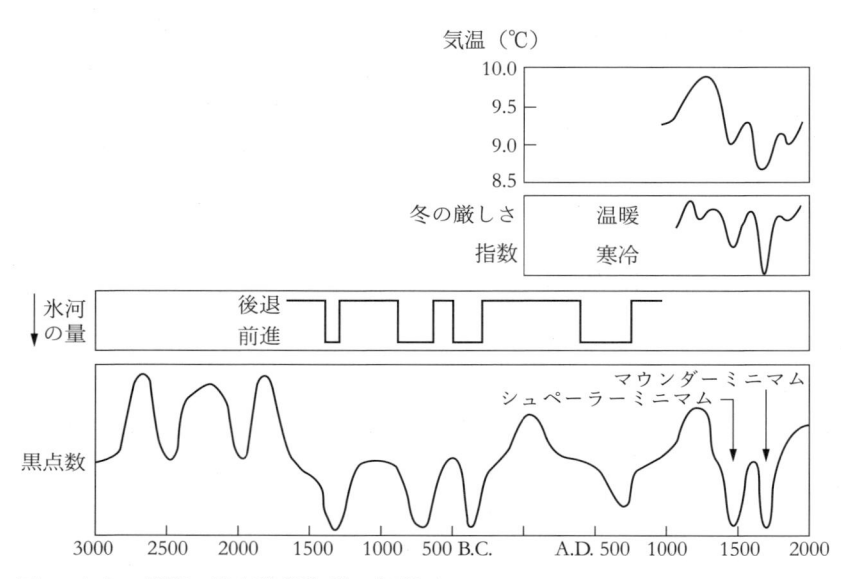

図6 さらに長期の黒点数変動（^{14}C 変動）（http://www2.sunysuffolk.edu/mundias/lia/possible.causes.html）

化をもたらしているのであろうか？

　太陽光は地球に届いたとき，雲があるとそこで大半反射されて宇宙空間に戻ってしまう．したがって，太陽エネルギーの変動よりも雲量の変動の方が一義的に重要である．それゆえ，気象学者は気候変動の原因として太陽よりも地球自身の環境変化の方を重視する．ところが，最近おもしろいことに，その雲量が黒点数と共に増減することが判明した．「黒点数が減ると雲量が増える」ことがわかったのだ！　図7を見られたい．図7は，地球上の雲の量，太陽の明るさ（＝黒点数），および，地球に届いた宇宙線量の時間変動を示したものである．黒点数が減ると宇宙線量が増えること，そのとき，雲量が増えていることがわかる．黒点数が減ると宇宙線量が増えるのは，上で述べたように，惑星間空間の磁場が弱くなるので，地球に届く宇宙線量が増えるからだ．ではそれがなぜ雲量と関係あるのだろうか？　一つの可能性は宇宙線が大気に衝突したときに，霧箱の原理で水蒸気核を作り，それが雲生成の引き金となるというアイデアである．私の好きな説であるが，宇宙線のエネルギーはあまりにも小さいので，地球全体にわたる雲量を決めるのは難しいのではないかと，この説に懐疑的な人は数多い．

図7　雲量と宇宙線，黒点数変動

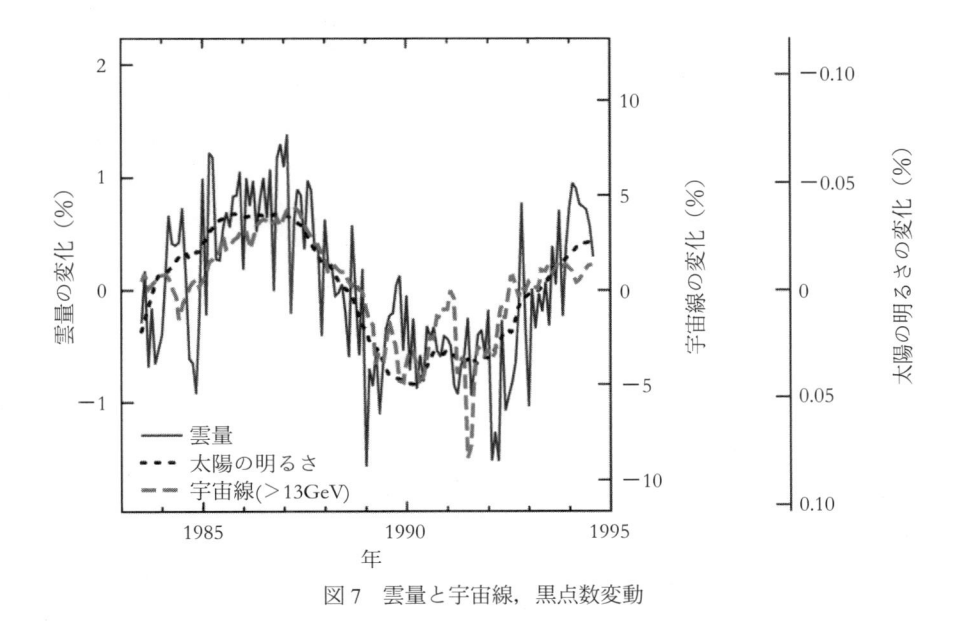

3. 太陽フレア —— あらゆる"光"が爆発的に増加

　前節で，太陽の明るさの長期変動について述べたが，実は我々の太陽はもっと短時間で激しい変動を起こしている．その最大のものが，太陽フレアである．

　太陽フレア（太陽面爆発とも呼ばれる）は，19世紀中頃，黒点スケッチ中に短時間に明るく輝く領域として発見された．白色光で見えるので，このようなフレアは白色光フレアと呼ばれる．これはフレアの中でも最大級のフレアである．白色光では太陽の表面である光球が見える．光球は我々が直接見ることのできる最も深い層なので[1]，ここまで影響を及ぼすフレアは大フレア，というわけだ．大フレアはめったに起きないので，フレアの研究は20世紀まで遅々としていた．

　その後，20世紀になって水素バルマー線（Hα線）単色像観測が可能になると，フレアは続々と観測されるようになった．Hα線単色光で太陽を見ると，フレア

---
[1] 電波やX線で見るともっと上空しか見えない．

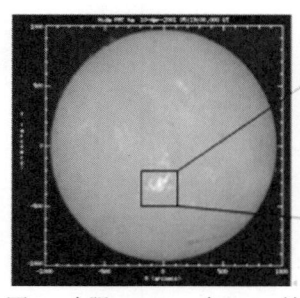

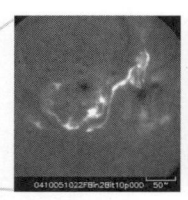

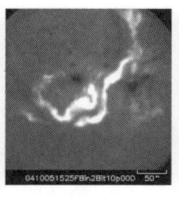

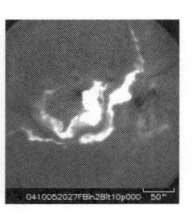

図8 太陽フレア，左：Hα線で見た太陽フレア．右：2001年4月10日のフレアのHα単色像，京都大学飛騨天文台ドームレス太陽望遠鏡による．

に敏感な光球の上層大気（彩層）が観測可能になるからである．図8の左に京大飛騨天文台で観測された太陽のHα単色全面像を示す．中央ちょっと南側にピカッと光っているのがフレアだ．それを拡大したのが図8の右．明るい領域が2つリボン状に並んでいるのが特徴である．（ツーリボンフレアと呼ばれたりする．）2つの明るい領域は，磁場のN極，S極，に対応する．その外側にある黒い丸いものはN極，S極の黒点である．ムービーを見ると，フレアの初期にリボンの間にあったフィラメントが突然噴出したのち，二つの明るい領域が次第に黒点に近づいていくことなどがわかる．共にフレアのメカニズムを考える上で，重要な観測事実である．また，黒点との密接な関係から，黒点近傍の太陽大気中に蓄えられた磁気エネルギーがフレアのエネルギーの源であることが，ほぼ確立している．

フレアの典型的なサイズは1—10万km，全エネルギーは10^{29}—10^{32}erg（水爆10万—1億個）にも達し，太陽系最大の爆発現象である．フレアが起こると，プロミネンス噴出が発生したり（図9），衝撃波が発生したりする．上述のフィラメント噴出というのは，プロミネンス噴出を太陽面で見たものに対応する．

このフレアの発生メカニズムが発見以来，1世紀以上謎であったが，最近，ようやくその謎の一端が解け出した．それは1991年にわが国が打ちあげた「ようこう」（陽光）衛星の活躍によるところが大きい．

図10にHαと軟X線の両方で観測されたフレアの画像を示す．図10左がHα像，右がX線像である．両者を比較すると，Hαで2つ光っている領域を

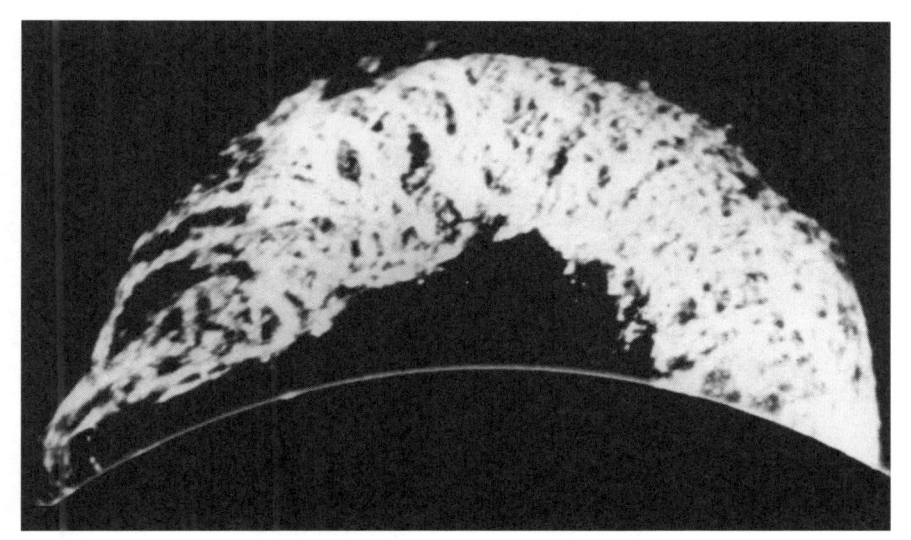

図9 プロミネンス噴出（史上最大級のプロミネンス噴出．Grand Daddy Prominence という固有名詞がついている．米国 High Altitude Observatory で 1946 年 6 月 4 日撮影．Hα 単色像．）

つなぐように，X線でループ構造が見えるのがわかる．また，その上空には先のとがった構造（カスプと呼ばれる）が見えるのもわかる．このことから，Hαを光らせているエネルギーは，上空のコロナ領域から磁気ループに沿って下層の彩層に伝わったことが予想される．また，カスプ構造の存在は，磁気リコネクション（磁力線のつなぎかえ）と呼ばれるメカニズム（図11）が磁気ループの上空で起きていることを示す．実際，このような形状は1960年代よりカーマイケル，スタロック，平山，コップとニューマンらの太陽物理学者によって提案されており，「ようこう」X線観測はこれらの先駆者達によって予想された形状や性質を見事に示していたのである．このような観測によって磁気リコネクション説がほぼ確かなものになった．

さて，磁気リコネクションとはどんなメカニズムだろうか？ プラズマ中で逆向きの磁力線が押し付けられるとその間には強い電流が流れる．（これを電流シートという）．もし何らかの理由によって電気抵抗が突然大きくなって，電流が散逸すると，逆向きの磁力線は「つなぎかわる」．これを磁気リコネクションとい

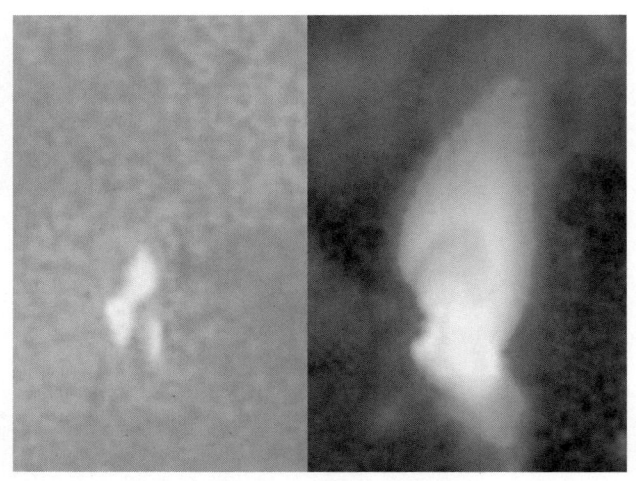

図 10　Hα（左）と X 線（右）で見た太陽フレア（左：京都大学飛騨天文台，右：ようこう衛星（ISAS/JAXA））

う（図 11 参照）．プラズマ中の磁力線はあたかもゴムひも（あるいは針金）のような張力をもっているので，つなぎかわった磁力線はその張力によってプラズマを急激に加速する．このようにして，磁気エネルギーがプラズマの運動エネルギーに変換される．運動エネルギーは最終的には衝撃波などを通して，熱エネルギーや高エネルギー粒子のエネルギーに変換される．

　では逆向きの磁力線が押し付けられる状況はいかにして発生したのだろうか？ここで思い出していただきたい．先に，フレアが発生するときフィラメント（プロミネンス）噴出が（しばしば）起こると述べた．フィラメントはねじれた螺旋状の磁力線をしており，この螺旋状のフィラメントが噴出するとその下で逆向きの磁力線が接するようになるのである．このようにして電流シートが形成され磁気リコネクションにいたると考えられている．磁気リコネクションによってエネルギーが解放されると，エネルギーは次々と外側のつなぎ変わったばかりの磁力線に沿って下方の彩層に伝わる．すると磁力線の足元の彩層は加熱されて Hα で明るく輝くようになる．したがって，次々と外側の磁力線がつなぎかわるにつれ，その足元は見かけ上，外側に広がっていく．つまり，Hα で明るく輝く場所も外側に広がっていく．このようにして，ムービーで見た Hα ツーリボンの時間変化

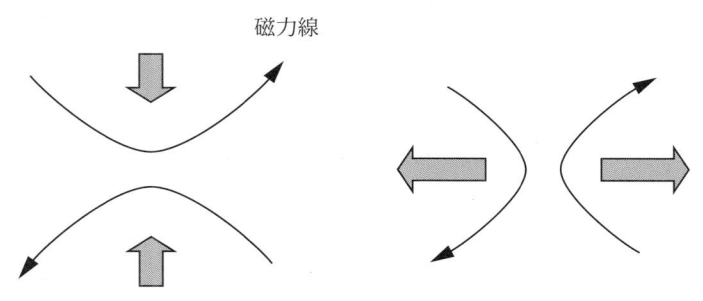

図11 磁気リコネクションの概念図．磁気リコネクションは，「磁力線つなぎかえ」「磁力線再結合」とも呼ばれる．

がよく説明される．おもしろいことに地球のオーロラも同じような時間発展を示す．

　上空へ噴出したフィラメントはどうなるのだろうか？　図12をご覧いただきたい．図12は宇宙空間で人工日食を作って見た太陽コロナの外部領域の可視光像の時間変化である．太陽コロナから巨大なガスの塊が噴出しているのがわかる．これはコロナ質量放出（CME）と呼ばれ，実はフィラメント噴出のなれのはてである．速度は100—1000km/s，質量は10億トンにも達する．コロナ質量放出が地球に到達すると，磁気嵐やオーロラを引き起こす．磁気嵐やオーロラの究極の原因は太陽にあるのだ．また，磁気嵐が発生すると地上送電線がショートして故障したり，通信が障害を受けたり，人工衛星が故障したりする．究極の被害は宇宙飛行士の被爆である．このような被害を未然に防ぐために，近年，「宇宙天気予報」が必要であるという認識が生まれた．現在世界各国がしのぎを削って宇宙天気予報研究を推進しているところである．

　ところで，どうしてフィラメント噴出やコロナ質量放出は発生するのか？　そのきっかけは何か？　エネルギーはいかにして蓄えられたのか？　このような基本的な問題が数多く残されている．また，フレアのメカニズムとしての磁気リコネクション説は現象論としては，ほぼ確立されたが，物理学としては，まだ全く未解決である．実際，上記に書いた，電気抵抗の起源はまだ未解決であるし，また，太陽コロナでは電気抵抗の物理の鍵を握っているスケール〜イオンのラーモア半径などのミクロなプラズマのスケール〜100cmと，実際のフレアのサイズ〜1万kmのギャップが大きく，そのギャップをどうつなげるかという基本的な

図12　コロナ質量放出（SOHO（NASA & ESA）/LASCO）

問題が全く未解決である．究極の難問は粒子（太陽宇宙線）加速機構である．

4. 太陽コロナの謎 —— なぜ太陽はいつもX線を放射しているのか？

　フレアが発生すると強いX線が発生するが，フレアが発生していなくても太陽はX線を出している．それは太陽の周りには温度が100万度のコロナが存在しているからである．

　日食のときに見られるコロナ（図13）が実は100万度もの高温状態にあることがわかったのはそれほど古いことではない．それは1939–43年の頃，グロトリアン，エドレン，宮本らの研究によって明らかにされた．それ以来，半世紀以上経つが，100万度のメカニズムはまだ解明されていない．天文学上の大難問と言っても良い．

　余談だが，宮本とは，かつて花山天文台長を務めた宮本正太郎である．彼はコロナの電離理論を発展させることにより，グロトリアンとエドレンが同定した高階（10—13階）電離の鉄やカルシウムから出るスペクトル線の観測に基づいて，コロナの温度を世界で初めて正しく計算した．論文は第2次世界大戦中に日本語

図13 コロナ(日食)の可視光像(明星大 日江井栄二郎氏より)

で書かれ,戦後 (1949年) 英語で再出版された.この英語論文は歴史的論文としていまだに引用されることがある.

コロナが100万度であることが発見されて10年もたたないうちに,当時の天体物理学の大御所であったビアマン (1946) と M. シュヴァルツシルト (1948) が,音波衝撃波説を提唱した.当時すでに太陽表面(光球)は粒状斑と呼ばれる対流におおわれていることが知られており,また,その対流は激しい乱流状態にあることも知られていた.彼らは,飛行機のジェット流から騒音が発生するように,乱流状態にある対流から音波が発生し,それが上空の希薄なコロナで衝撃波となって散逸し,コロナを加熱すると考えたのである.当初,この音波衝撃波説は定量的に大きな成功をおさめた.基本原理は単純だからである.つまり,コロナは希薄で粒子数が少ないので,放射冷却の能率が悪い.そんな希薄なコロナにわずかでもエネルギーが供給されたら,冷えるひまがないので,温度が急上昇するというわけだ.1960年代の終わり頃までに理論は精緻化が進み,光球における境界条件を与えて,太陽大気にふさわしい放射冷却や熱伝導を含む流体力学の方

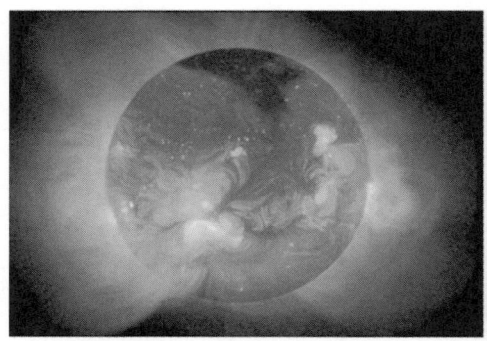

図 14　X 線（左）及び極紫外線（右）でみたコロナ（左：ようこう（ISAS/JAXA），右：TRACE 衛星（NASA）による.）

程式を解くと，100万度のコロナがきちんと計算で再現されるというところまで理論は発展した．

　ところが，である．1970年代になって，スカイラブなどの人工衛星によるスペースからのコロナのX線撮像観測が可能になると，太陽コロナは音波衝撃波説が仮定したような一様なのっぺりしたプラズマではなく，磁場のループの集合体（磁束管）であることがわかってきたのである（図14）．プラズマは球状に広がっているのではなく，細いループに閉じ込められていたのだ．のみならず，黒点の近くなど磁場の強いところではコロナは高温で明るく，太陽の北極や南極など磁場の弱いところではコロナは低温で暗いこともわかった．ループとは磁力線のループであり，磁場の強度や形がコロナの加熱や形状に大きく影響を与えている！　これまでの音波衝撃波説では磁場の効果は考慮しないか，せいぜい衝撃波の強さを変化させるくらいにしか考慮されていなかったのが，磁場は第1義的に重要であることがわかったのだ．さらに観測技術が進んでコロナへ運ばれる音波のエネルギーフラックスが測定できるようになると，音波ではコロナ加熱に十分なエネルギーが供給されていないことも次第にわかってきた．ここに至って，コロナの音波衝撃波説は完全に否定され，磁場が加熱の鍵を握っているという磁気的加熱説が台頭することになった．

　ではその磁気的加熱説の実態は何か？　これが大難問なのである．現在，有力な磁気的加熱説は，2つあり，1つはアルフベン波説，もう一つはナノフレア説

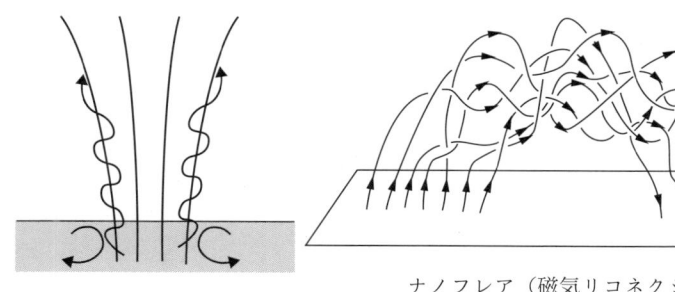

アルベン波説　　　　　　　ナノフレア（磁気リコネクション）説

図 15　コロナの磁気加熱の 2 つのモデル

だ（図 15）．アルフベン波説は，磁力線に沿って伝わる波であるアルフベン波によってエネルギーを運ぶという説で，かのアルフベンがアルフベン波を発見した直後の 1940 年代に早くも提唱していた．しかし時代が早すぎ，当時の観測と合わないと否定されていた．その後，新しい X 線観測の時代になって，わが国の内田と鏑木（1974）らがアルフベン波説を復活させた．一方，ナノフレア説は，コロナは微小なフレア（ナノフレア）の集合体ではないかという説で，前述のパーカー博士らが 1980 年代に発展させた．図 15 の右にパーカー博士の有名なナノフレア説の想像図を示す．磁気ループの足元は光球の乱対流によって激しくねじられたり，ひねられたりするので，磁気ループの中はよく見たら図のように，磁力線の絡みあった状態になっているのではないか？　というのがパーカー博士のアイデアだ．こういう状態ではループ中のいたるところに微小な電流シート（電流の強い層）があり，そこで磁気リコネクションが起きると，微小な（ナノ）フレアとなる．いたるところに電流シートがあるので，無数のナノフレアが起きる．これらのナノフレア全体で解放されるエネルギーの総量はコロナを加熱するのに必要なエネルギーの総量に大体等しいと推算される．

　果たしてコロナはパーカー博士が想像したようなナノフレアで加熱されているのか，それとも磁力線の振動によって伝わるアルフベン波で加熱されているのか？　20 年以上におよぶ論争が現在もなお続いている．

　2006 年 9 月には，「ようこう」衛星（Solar A）の後継機である「ひので」衛星

図16 ひので衛星想像図（ISAS/JAXA）

(Solar B) が，日米英欧の国際協力の下に，JAXA 宇宙科学本部より打ち上げられた（図16，口絵10）．実は「ひので」衛星の最大の目的の一つが，このコロナ加熱の解明である．Solar B 衛星はそのため，太陽表面の光球から磁力線に沿ってエネルギーがどのようにして上空のコロナに運ばれ，いかにして熱に変わるのかを解明すべく，史上初めて宇宙空間から光球のベクトル磁場を測定する 50cm 可視光望遠鏡，微小なフレアを検出する史上最高の空間分解能をもつ X 線望遠鏡，また，コロナのプラズマ運動を史上最高の精度で測定する極紫外線分光撮像装置を搭載する．果たしてコロナ加熱の正体は，アルフベン波説か，ナノフレア説か，あるいは予想もしなかった全く異なるメカニズムなのか，乞うご期待！　というところである．

5. おわりに

　太陽は星である．しかも，宇宙の中ではもっともありふれた普通の星である．そんな普通の星でさえ，上で述べたような，フレアやコロナのような激しい活動を起こすのだから，宇宙にはもっと激しい活動を起こしている星が無数にあるのではないかと，読者の方々も容易に想像されよう．実際，近年の天文観測の発展によって，ほとんどの星でフレアが発生し，X線を出している（つまりコロナが存在する）ことがわかってきた．また，生まれたばかりの星では，現在の太陽フレアの何万倍，何十万倍もの大きなフレアが発生していることも，わかってきた．星は大爆発を起こしながら誕生したのである．そのような大爆発から噴出したジェットが無数に発見されている．わが地球や生命が誕生したのは，そんな超巨大爆発だらけの原始太陽の時代だった．地球も生命も良くぞ生き延びてくれたものだと感慨深いものがある．

　類似の，しかし，もっと激しい爆発現象は多くの銀河の中心で起きており，そこから謎の相対論的ジェットが噴出している．特に激しい活動を示す銀河は活動銀河と呼ばれる．活動銀河の中心核活動はビッグバン以後全エネルギー最大の爆発であり，現代天文学最大の謎であると言って良いだろう．余談だが，30年ほど前，まだ私が理学部の学生だった頃，この活動銀河ジェットの謎を知って，それを解明しようと宇宙物理学を志した．

　一方天文観測が発展すればするほど謎が増える．近年時折，新聞をにぎわすガンマ線バーストは瞬間的には宇宙で最も激しい（明るい）爆発現象である．30年以上もどこで起きているかすらわからなかった．ガンマ線バーストは地球の電離層に影響を与えたり，人工衛星を故障させることもあるという．そんな地球に影響を与えるガンマ線バーストが，何と，何十億光年ものかなたで発生しているというから驚きである．宇宙は謎に満ち満ちている．

　京都大学理学研究科の宇宙物理学教室と附属天文台は，名古屋大学，国立天文台と共同で3.8m新技術天体望遠鏡（図17）を開発中であり，完成後，国立天文台岡山観測所の隣接地に置いて，ガンマ線バースト，ブラックホール天体，恒星フレアなどの突発天体や星形成領域の解明を目指している．本文で述べた太陽プラ

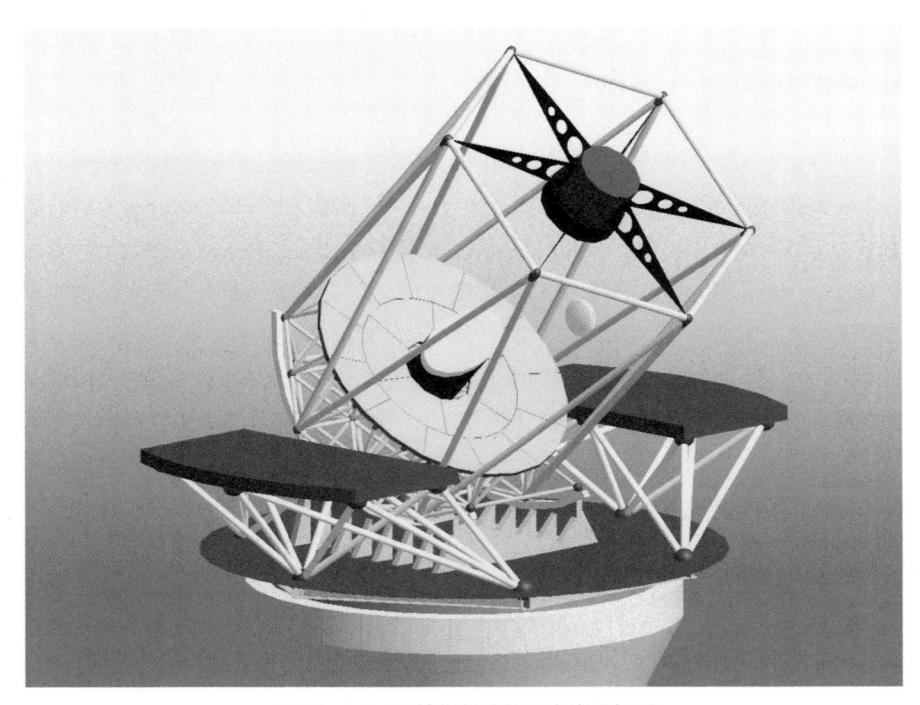

図 17　3.8m 新技術望遠鏡の完成予想図

ズマ現象の解明は，これらの謎の天体爆発現象を解明するのに大いなるヒントを与えてくれるであろう．

　本章を読んだ若者達の中から，太陽プラズマ現象や天体爆発現象の解明を志す諸君が出てくることを期待して筆をおきたい．

関連図書案内

　柴田一成・大山真満「写真集　太陽」裳華房，2004 年
　小山勝二・舞原俊憲・中村卓史・柴田一成編著「見えないもので宇宙を見る」京都大学学術出版会，2006 年
　柴田一成・福江純・松本亮治・嶺重慎共編「活動する宇宙」裳華房，1999 年

第Ⅲ部
光を使った技術革新

我々の身の回りには最新の光科学技術を応用した製品で満ち溢れている．音楽や映画はCD，DVDといったメディアで供給されており，それらの再生には半導体レーザーをもちいた光学系が採用されている．医療の現場で体の断層像を得ることに使われている磁気共鳴影像法（MRI·CT）では，高度に制御された電波のパルス列が体に照射され，それにより体から発生するエコー信号が利用されている．我々の世界の時間標準は原子時計と呼ばれるデバイスで提供されているが，これは光と原子の間の非線形な相互作用を利用してつくられたものである．

　これらの光技術のなかには，はじめから応用を志向した研究から生まれたものもあるが，多くは基礎的な科学へのチャレンジからうまれたものである．当初は応用的な側面が明確でなくとも，基礎科学を極めるために生み出された新技術が世の中の役に立つことは多々あるのである．もちろん，そのような観点で新技術をとらえることができる頭の柔らかい技術者がいなかったら応用展開はありえない．科学技術全体を考えると，このような基礎科学と応用技術展開はまさに車の両輪ととらえることができる．21世紀にはいった今において，最先端の光科学の領域で展開されている研究を分類するとおおまかに3つに分けることができる．標語的にいうと「光で観る」，「光で創る」，そして「光で操る」である．第Ⅲ部では，これらのなかから典型的な例が紹介される．

　「光で観る」は太古の昔からおこなわれている基本的な光をもちいた営みである．現代における研究の違いは，新しい観る手段が次々開拓されてきている点である．たとえば，ガンマ線やテラヘルツ電磁波をもちいた宇宙観測は新しい宇宙像を生み出しつつあるが，そこで使われている検出器の技術は医療やセキュリティなどへの応用展開が期待されている．第8章ではフォトニック結晶というあたらしい周期構造をもつ材料の光学的性質に関する研究が紹介されている．フォトニック結晶はナノテクノロジーの進展によってはじめて作製可能になった材料であり，光演算，遅く進む光，新しい光導波路，非常に低い閾値をもつレーザーや高感度センサーなどへの応用展開が期待されている．

　「光で創る」は20世紀後半からはじまった比較的新しい分野である．これは，主にレーザーの進展におうところが大きい．高出力レーザーをもちいた金属のレーザー加工やガラスの中にさまざまな立体像をえがくレーザー造形などはよく知られている．最近では，新しい物質相を光で生み出す光誘起相転移などの研究

も行われている．第9章では，巨大科学技術の代表格である粒子加速器と 10^{-13} 秒という短い時間に多くの光子を集めた超短パルスレーザーの組み合わせによる物質生成の研究が紹介される．このような現象は粒子ビームとレーザー光との相互作用をつかっており，レーザーによる粒子加速という医療応用が期待されている分野と深い関係がある．

「光で操る」に関しては，第Ⅰ部でも登場した原子の光冷却・量子凝縮体生成が有名であるが，生物科学を含めた広い分野で展開されているのはレーザー光をもちいたレーザーピンセットの技術である．これにより，観察したい物質や細胞を任意の場所に移動させたり，配列させることが可能になる．第10章では，レーザーピンセットの技術の紹介とともに，レーザーによるポテンシャル場，エネルギー注入，散逸を利用した物質の駆動など，様々な興味深い現象が紹介される．

（田中耕一郎）

第8章
フォトニック結晶の物理

迫田　和彰

1. はじめに

　本章ではフォトニック結晶の物理について解説する．本題に入る前に次のような問題を考えてみよう．すなわち，「ルビーはなぜ赤いか？」という問題である．紋切り型の設問なので，物理として厳密なものから文学的なものまで解答はいろいろと分かれるかも知れない．宝石に造詣の深い読者やルビーレーザーについてご存知の読者であれば，「Al_2O_3 に含まれるクロムイオンの放つ蛍光が赤色だから」と答えるに違いない．これは物理として正しい，標準的な解答であろう．
　しかし，少しひねくれた物理屋は「この世界に赤色が存在するから」と，少々禅問答めいた解答をするかも知れない．可視光に七色があることくらい先刻承知だから，こんな解答はナンセンスと言いたくなるところであるが，実はこれがそうでもない，というのが本章のお話である．
　「この世界に赤色が存在するから」という解答が意味をなすのは，「赤色が存在しない世界」があったればこそである．いつでもどこでも必ず赤色が存在するのであれば，「この世界に赤色が存在する」のは当たり前であり，何も答えたことにならない．それでは赤色の無い世界を作れるだろうか．答えは「Yes」である．とは言っても，全世界からいっせいに赤色を消すことはできない．赤色を消すことができるのは，通常はせいぜい $1cm^3$ くらいまでの小さな空間であり，これを実現するのがフォトニック結晶である．

赤色が無くなったフォトニック結晶の世界ではルビーは赤く輝かないのだろうか．その通り，赤くないのである．実際，赤く輝こうとしても赤の光が無いのだから輝きようがない．するとこれまで物質固有の性質であると信じていた「色」は実は固有の性質ではなく，何か環境の影響を受けて変化するような類のものなのだろうか．答えはその通りであって，「色」に限らず物質のもつ光学的性質は物質の置かれた環境によって変化する．このことは現代光学におけるたいへん重要な発見であり，数多くの面白い物理現象や工学的応用に発展する．

以下では，まず，フォトニック結晶の中を伝わる光の性質について述べた後，光の局在について少し詳しく解説する．光の局在には2種類あって，1つは純粋に波動現象としての局在，もう1つは原子や分子の光学遷移の周波数と特徴的な電磁モードの周波数が一致したときに生じる局在である．前者が波動一般に共通な古典的現象であるのに対して，後者はフォトンの粒子性に起因する量子現象である．最後に，最近見つかった3次元フォトニックフラクタル中での電磁波の局在についても述べる．

2. フォトニック結晶による電磁場制御

2.1 「赤色」の無い世界

フォトニック結晶の模式図を図1に示す．フォトニック結晶は互いに異なる屈折率をもつ複数の物質を周期的に配列した構造物である．この図では最も単純な場合として，AとBの2種類の物質を交互に配列したフォトニック結晶を示した．配列の周期 a を格子定数と呼ぶ．また，配列の次元によって1次元，2次元，3次元フォトニック結晶と呼ばれる．多くの場合，フォトニック結晶は光を吸収しない透明な物質を用いて作られる．例として図2にポリスチレンの微小球を積み上げた3次元フォトニック結晶の電子顕微鏡写真を示す．この例では微小球の直径は約 1μm である．ポリスチレン球の積み重なり方がダイヤモンドを構成する炭素原子と同じなので，ダイヤモンド型フォトニック結晶と呼ばれる．

誘電体を積み重ねた1次元フォトニック結晶は誘電体多層膜とも呼ばれ，レー

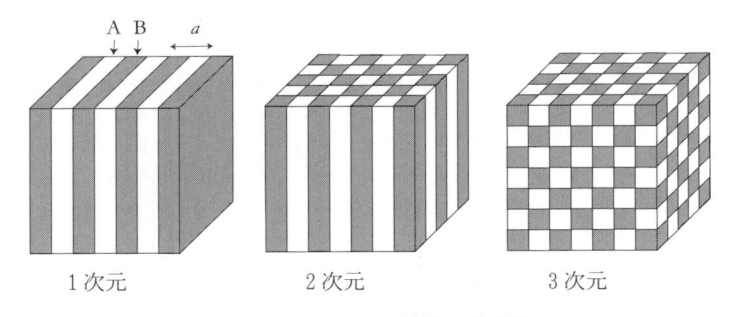

図1 フォトニック結晶の模式図

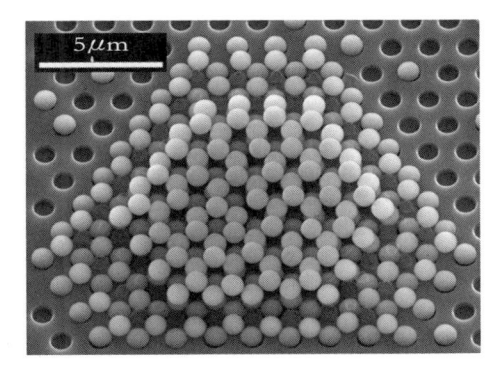

図2 テンプレート上に作製したダイヤモンド型フォトニック結晶（物質・材料研究機構・宮崎英樹氏，ならびに，スペイン・バレンシア大学・Francisco Meseguer 氏のご好意により許可を得て掲載）

ザー用のミラーなどとして古くから利用されている．図3はそのような1次元フォトニック結晶の光透過スペクトルで，入射光が膜面に垂直に入射する場合の計算値である．図の横軸は格子定数（a）と真空中の光速（c）を使って無次元化した光の角周波数（ω）である．それぞれの誘電体薄膜の境界で光が反射されるので，たいへん複雑な光の干渉が生じる．その結果，透過率は光の周波数とともに振動する．これに加えて，透過率がほとんどゼロである周波数領域が存在することが分かる．このような周波数領域はフォトニックバンドギャップと呼ばれる．フォトニックバンドギャップの周波数の光がフォトニック結晶に入射すると，ほぼ完全に反射されて内部に入っていくことができない．すなわち，そのような光はフォ

第8章 フォトニック結晶の物理　145

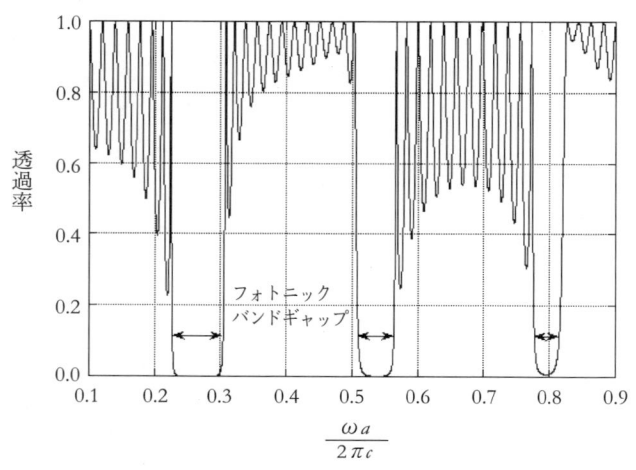

図3　1次元フォトニック結晶の透過率

トニック結晶内部に存在することができない．

光の波長を λ と記すと，

$$\frac{\omega a}{2\pi c} = \frac{a}{\lambda} \tag{1}$$

の関係がある．赤色の光の波長は 0.65μm くらいだから，例えば図3の2つ目のフォトニックバンドギャップを使って赤色の光を消すことを考えると，格子定数は 0.35μm くらいでなければならない．このようにフォトニック結晶の格子定数は制御したいと思う光の波長と同じオーダーである．

上で見たように，1次元フォトニック結晶を用いると膜面に垂直な方向に伝わる光についてフォトニックバンドギャップが実現できる．2次元フォトニック結晶では試料の構造をうまく設計することで，2次元面内のすべての方向に伝わる光についてフォトニックバンドギャップが実現できる．同様に，3次元フォトニック結晶では空間のすべての方向に伝わる光についてバンドギャップが実現できる．

単位体積・単位周波数当たりの電磁波のモードの数を状態密度と呼ぶ．そこでフォトニックバンドギャップをもつフォトニック結晶の電磁波の状態密度を図示すると，おおむね図4のようである．フォトニックバンドギャップの周波数領域

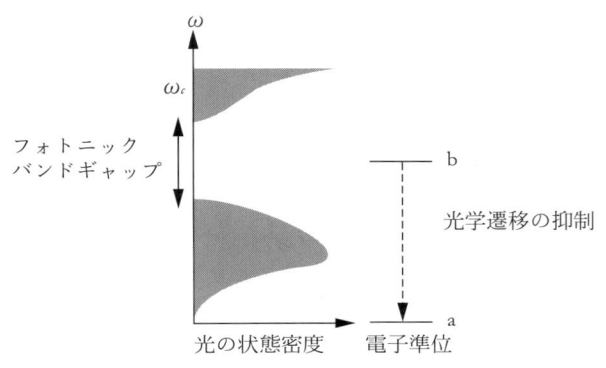

図4 フォトニックバンドギャップによる光学（放射）遷移の抑制

には電磁波のモードが存在しないので，状態密度はゼロである．前項で述べたルビーの場合，クロムイオンの2つの電子準位の間で光学（放射）遷移が起こる．すなわち，図4でbと記した上準位からaと記した下準位へ向かって電子の状態が変化する．これに伴って，2つの準位の差のエネルギーをもつ光子（フォトン）が放出される．ルビーの場合，放出されるフォトンの波長が0.69μmくらいで目には赤色に映る．しかし，図4に記すように，放出されるべきフォトンの振動数が丁度フォトニックバンドギャップの周波数であれば，フォトニック結晶中にはそのようなフォトンは存在できないので，光学遷移は起こらない．これが前項で述べた赤く光らないルビーである．

　図3のところで述べたように，格子定数を変えることでフォトニックバンドギャップの周波数を変化させることが可能である．すなわち，格子定数を小さくすればバンドギャップの波長は短くなり，周波数は大きくなる．このことを利用すれば任意の周波数でフォトニックバンドギャップを実現できる．もちろん周波数が高くなるほど小さな試料を作る必要があるので，加工が難しくなる．しかし，例えば高度に発達した半導体のリソグラフィ技術を用いることにより，格子定数が0.3μm以下のフォトニック結晶も作製されている．逆に格子定数を1cmくらいまで大きくすると，マイクロ波の制御が可能である．

第8章　フォトニック結晶の物理

2.2 局在する光

　フォトニック結晶に意図的に構造の乱れ（以下では欠陥部と呼ぶ）を導入すると，空間的にも周波数的にも孤立した（局在した）電磁モードを作ることができる．例えば，図5に示すように誘電体円柱からなる2次元フォトニック結晶について，中央の誘電体円柱の屈折率を他とは異なる値にとると，フォトニックバンドギャップの周波数領域に種々の局在電磁モードが生じる．一例を図6に掲げる．この図は局在モードの電場のz成分を図示したものであるが，電場が原点付近に集中していて，原点から離れるにしたがって振動しながら減衰する様子が良くわかる．また，局在モードの電場分布が母体結晶と同じ正方対称であることが分かる．すなわち，x軸とy軸に関する折り返し，90°回転，180°回転などを行っても電場分布は元と同じである．このような電場分布の対称性は母体結晶の対称性に由来するものであり，対称性を扱う数学的手法である群論を用いると，どのような対称性をもつ電磁界分布が局在モードとして得られるか，非常に見通しよく調べることができる．

　局在モードの電磁場は小さな体積に集中しているので，そこに原子や分子を置けば両者間の相互作用は大変大きくなる．例えば，励起状態からのフォトンの放出確率は相互作用の大きさの2乗に比例するので，蛍光の放出が促進される（パーセル効果）など，いろいろな光学現象に促進効果が現れる．このことは2.1節で述べたフォトニックバンドギャップによる光学遷移の抑制と逆の現象である．このように，フォトニック結晶は光学現象を抑制するばかりでなく，促進することもできる．

　欠陥部を取り囲むフォトニック結晶の周期構造を厚くすると，局在モードは外界から効果的に遮蔽される．このため，局在モードの電磁場は外界へほとんど散逸していかないのでモードの寿命がたいへん長くなり，モードのスペクトル幅はたいへん狭くなる．そこで，局在モードの周波数に重なる発光帯をもつ原子や分子をフォトニック結晶中に置くと，局在モードを通してだけ発光が生じるので発光のスペクトル幅が極端に小さくなり，波長純度の高い光源が得られる．

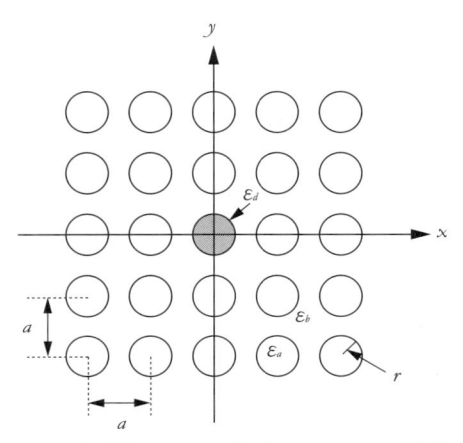

図5 欠陥部をもつ2次元フォトニック結晶の断面図

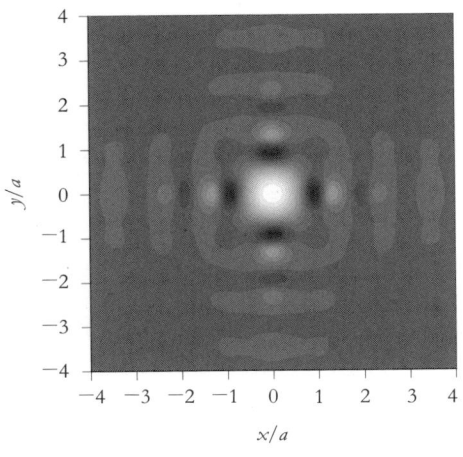

図6 局在電磁モードの一例

2.3 隠れた光

　フォトニック結晶の対称性によって生じるもうひとつの特徴的な現象として，外に取り出すことのできない，いわば隠れた光がある．これはフォトニック結晶内部の光の対称性と外部の光の対称性が異なっている場合に生じるもので，その

ような電磁モードを非結合モード，あるいは，非活性モードと呼ぶ．

フォトニック結晶の透過スペクトルを測定すると，フォトニックバンドギャップ以外の周波数領域において透過率が極端に小さい場合がある．これにはいくつかの原因が考えられるが，そのひとつがここで述べた非活性モードである．非活性モードは取り出すこともできなければ，外部からの光で励起することもできない．このため，非活性モードしか存在しない周波数領域では，外部からの入射光はフォトニック結晶内部に進入できないので，透過率が極端に小さくなる．

2.4 曲がる光

フォトニック結晶の周期構造の中に欠陥部を導入すると，局在した電磁モードが生じる場合のあることを上で見た．このような欠陥部をつなげると，欠陥部を伝わって光を導波させることが可能である．一例として，誘電体円柱の正方格子からなる2次元フォトニック結晶に，L字型の欠陥構造を導入した場合の模式図を図7に示す．

フォトニックバンドギャップの周波数の光が下方から入射した場合を考える．そのような光はフォトニック結晶の周期構造の部分へ侵入することができないが，欠陥部へは入っていくことができる．L字の角まで来ると光は反射してもと来た道を引き返すか，右へ曲がるかしかない．導波路の構造をうまく設計すると，反射光をほとんどゼロにして，右方への透過率を100%近くにすることができる．

ここで重要なことは導波路の曲率半径が格子定数程度の大きさ，したがって，光の波長程度の大きさであることである．通常の導波路では，光は材料の屈折率差を利用した全反射によって閉じ込められている．このような場合，導波路を波長程度の曲率半径で折り曲げると光はたちどころに漏れ出してしまう．これに対してフォトニック結晶の場合には，光はフォトニックバンドギャップの存在によって閉じ込められているので，導波路から漏れ出すことがない．

小さな曲率半径で折り曲げ可能なフォトニック結晶導波路を利用すると，各種の微小光学回路が実現できる．このような例として，高度に発達したリソグラフィ技術を利用して作製される薄膜型半導体フォトニック結晶（フォトニック結晶スラブ）に，種々の光導波路を作製することが試みられている．導波路に加えて局在

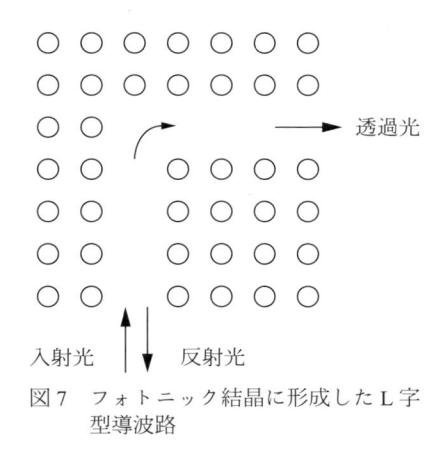

図7 フォトニック結晶に形成したL字型導波路

モードによる波長フィルターや，フォトニック結晶の異方性を利用した偏光フィルター，さらには，光非線形性による光スイッチ等，種々の機能を組み込んだフォトニック結晶スラブが作製されて，近い将来の光通信・光情報処理用デバイスの開発が期待されている．

2.5 遅い光

　フォトニック結晶の中では周期的に並んだ誘電体によって，光は繰り返し反射，散乱されながら伝わっていく．このため光の伝搬速度は真空中よりも遅い．どの程度遅くなるかは光の周波数やモードの個性によって千差万別であるが，1つ共通していえることはフォトニックバンドギャップ近辺の周波数の光はたいへん遅いということである．

　どれくらい遅いかというと，もし，無限に大きなフォトニック結晶を作ることができたとすると，光が完全に止まってしまうほど遅い．しかし，現実にはそのように大きなフォトニック結晶を作ることは不可能であり，これまでのところ真空中の光速の10—100分の1くらいの小さな速度が実現されている．

　このような小さな光の速度は物質と光の相互作用を実効的に大きくする．例えば，わずかながらも光を吸収する物質でフォトニック結晶を作ったとしよう．フォトニック結晶中を光が伝搬するとともに光は吸収される．速度が小さくて，同じ

厚みを通り抜けるのに長時間を必要とするならば,その間に光は強く吸収される.逆にルビーのような蛍光を発する材料でフォトニック結晶を作り,蛍光の周波数がフォトニックバンドギャップのわずか外側になるように設計すれば,蛍光の放出が促進される.

3. 光の量子性に由来する現象

3.1 光子・原子束縛状態

2.2 節では,フォトニック結晶の構造の乱れに局在する電磁波について述べた.これは電磁波の反射や干渉によって起こる現象なので,決まった屈折率と形状をもつ材料を選びさえすれば,物質の個性とは無関係に電磁波の方の都合だけで局在が生じる.これとは異なって,フォトニックバンドギャップの周波数に光学遷移をもつ原子を導入したときにだけ起こる局在がある.2.1 節でそのような原子については光学遷移は生じないと述べたが,実は事情はもう少し複雑である.そこで,このことについて再度考えてみよう.

原子は最初,励起状態(図4の上準位)にあったとしよう.原子は一瞬,フォトンを放出して基底状態(図4の下準位)に遷移する.しかし,フォトンの周波数はフォトニックバンドギャップ中にあるので,フォトニック結晶を伝わっていくことはできず,いずれ跳ね返されて元の原子の位置まで戻ってくる.するとフォトンは原子に再吸収されて,原子は再び励起状態に遷移する.しばらくすると再びフォトンが放出され,同じ過程をいつまでも繰り返す.時間的に平均して見ると,原子の周りにフォトンがまとわり付いた,フォトン雲ともいうべき状態が実現する.フォトン雲の広がりの程度(ξ)は電子遷移の周波数によって変わるが,ごく大雑把に言って光の波長程度である.

原子から遠く離れた場所から眺めると,フォトン雲があろうがなかろうが,原子がおおむね励起状態にいることに変わりはない.しかし,原子に近づくにつれてフォトン雲の存在は重要さを増してくる.すなわち,図8のような状態にある原子の近くに基底状態にある2番目の原子を近づけて,フォトン雲の中にまで入

図 8 原子に束縛された光子雲

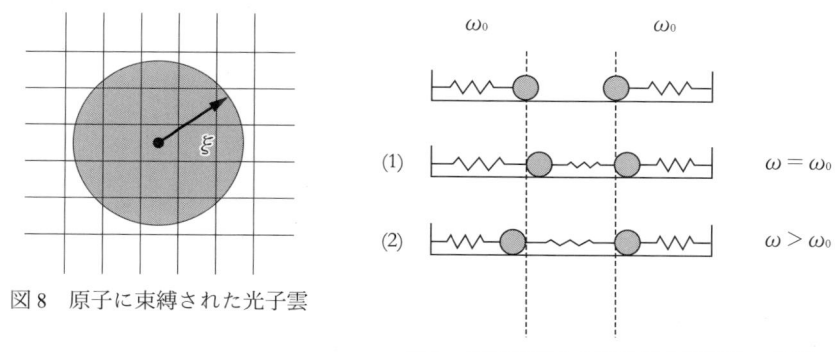

図 9 相互作用する振動子の周波数の分裂

り込ませると，1 番目の原子から 2 番目の原子へフォトンが飛び移る．

3.2 ラビ分裂による量子局在

　本題に入る前に，図 9 に示すようなバネでつながれた 2 つの振動子について考えてみよう．おもり（球形）と壁につながるバネは，2 つの振動子で全く同じであるとしよう．そうすると振動子の固有振動数も同じであり，これを ω_0 と書くことにする．次に，おもりの間の距離と同じ長さの弱いばねで 2 つのおもりを互いにつないだとする．このような相互作用があると，一般には振動の周波数が変化する．今の例では，元の ω_0 と同じ周波数の振動と ω_0 よりも大きな周波数の振動とが生じる．前者の場合，2 つのおもりは互いの距離を保った状態で左右に振動する．このとき，中央のバネは伸びも縮みもしないので復元力は元と同じであり，振動の周波数は変わらない．後者ではおもりが互いに反対方向へ同じ振幅で振動する．この場合には，中央のバネも伸び縮みするので復元力が大きくなり，振動数は高くなる．振動子の間の相互作用による，このような振動数の分裂を一般にラビ分裂と呼ぶ．

　ラビ分裂は力学的な振動に限らず，電子準位間の光学遷移による振動や電磁波の振動でも見られる．実際，フォトニックバンドギャップの近くに電子遷移の周波数をもつ原子について，大きなラビ分裂が予想されている．この場合，ラビ分裂は電子遷移の振動と電磁場の振動が相互作用した結果として生じる．図 10 に

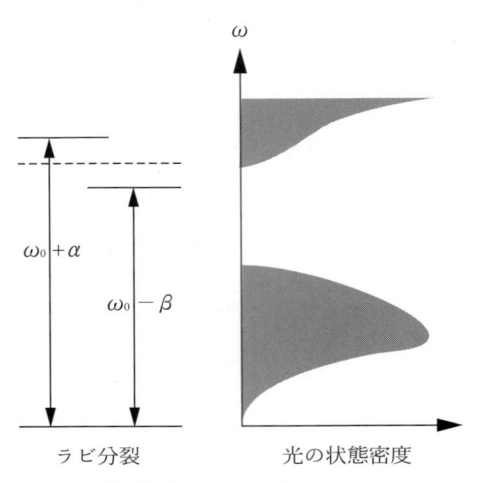

図10 電子準位のラビ分裂．フォトニック結晶の電磁場との相互作用によって，もともとの電子遷移の周波数ω_0が2つの周波数（$\omega_0+\alpha$と$\omega_0-\beta$）に分裂する．

示すように，分裂した一方の電子準位がフォトニックバンドギャップの中にあり，他方が外にあると，ギャップの内側の準位についてだけ光学遷移が禁止される．前節で述べたのと同じように，内側の準位についてフォトンの量子局在が生じる．このような部分的な光学遷移の禁止はバンドギャップをもつフォトニック結晶にのみ見られる量子電気力学効果であり，実験検証が待ち望まれている．

3.3 局在モードによるラビ分裂

最近，もうひとつ別のタイプのラビ分裂が観測された．まず，半導体薄膜に周期的に円柱状の穴を空けて作製したフォトニック結晶スラブの一部に，穴を空けない欠陥部を作って局在モードを発生させた．図11の上の図は欠陥部の電子顕微鏡写真である．局在モードは外界から十分に遮蔽されていて，次式で定義される共振のQ値として2万程度の大きな値が観測された．

$$U = U_0 e^{-\omega t/Q} \tag{2}$$

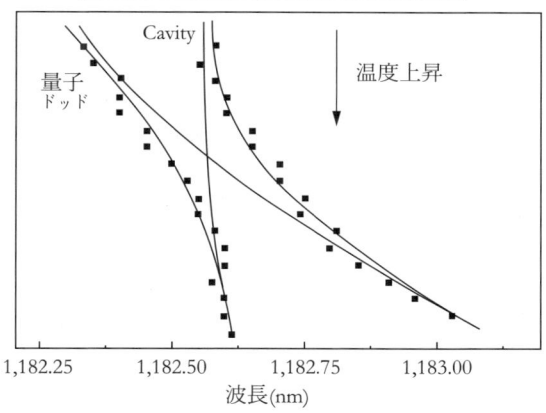

図 11 真空ラビ分裂の観測．（上）フォトニック結晶共振器の電子顕微鏡写真，（下）温度変化に伴う発光ピーク周波数の変化（出典：*Nature*, vol. 432, P. 200）

この式で，U と U_0 は時刻 t と時刻ゼロにおいて欠陥部に蓄えられた電磁エネルギー，ω は局在モードの角振動数である．したがって，この局在モードは振動の周期の 2 万倍くらいの寿命をもつ．

つぎに，フォトニック結晶スラブの表面に多数の量子ドットを作製した．量子ドットとは直径が数十ナノメートル程度の半導体の粒である．半導体中の電子やホールの波動関数の広がりよりも量子ドットの直径の方が小さい場合，波動関数の閉じ込め効果によって電子やホールのもつエネルギーが変化する．その結果，直径の異なる量子ドットでは電子遷移の周波数も異なる．量子ドットの作製過程でドットの直径には自然に分布が生じるので，フォトニック結晶スラブ上に作製した多数の量子ドットは発光周波数に広がりをもつ一群の発光体となる．

図 11 の下の図は，試料温度を変えたときの発光スペクトルのピーク周波数

の変化である．この図でまず注意すべき点は，局在モードの周波数（図11ではCavityと記されている）付近のたいへん狭い波長領域（周波数領域）を測定していることである．多数の量子ドットのうちの1個が局在モードに近い周波数で発光している．温度を高くすると量子ドットの発光波長は大きくなる性質をもつが，図11では温度上昇とともに量子ドットの発光ピークが局在モードの周波数を横切っている．

　すでに述べたように，局在モードは大きな電場強度をもつので，電磁場と量子ドット間には比較的強い相互作用が働く．この結果，量子ドットの電子遷移と局在モードの周波数が近づくとラビ分裂が起こり，両者の周波数が互いに反発する．図11では本来両者が交差すべき温度で発光周波数が左右に分裂する様子が見事に測定された．

4. フォトニックフラクタルの局在モード

4.1　カントールバー（1次元フラクタル）

　さて，ここからはフォトニックフラクタルの局在モードについて述べよう．フラクタルとは，すぐ下で述べる自己相似性を表すフラクタル次元が非整数の構造物のことで，力学的振動や電磁波に局在モードが生じることが知られている．図12は代表的なフラクタルであるカントール集合の構成法を示す．まず，長さが1の線分を用意してこれを3等分し，真中の線分を取り除く（ステージ1）．残った2つの線分について再びこれらを3等分し，それぞれの真中の線分を取り除く（ステージ2）．これを無限回繰り返したときに残った点の集合をカントール集合という．カントール集合を3分の1に圧縮して，元のカントール集合の区間 [0, 1/3] の部分に重ねるとぴったりと重なる．これを自己相似性と呼ぶ．

　集合を $1/S$ に縮めたものを N 個集めると元と同じ集合が出来上がるとき，フラクタル次元 D を

$$N = S^D \tag{3}$$

図 12　カントールバー

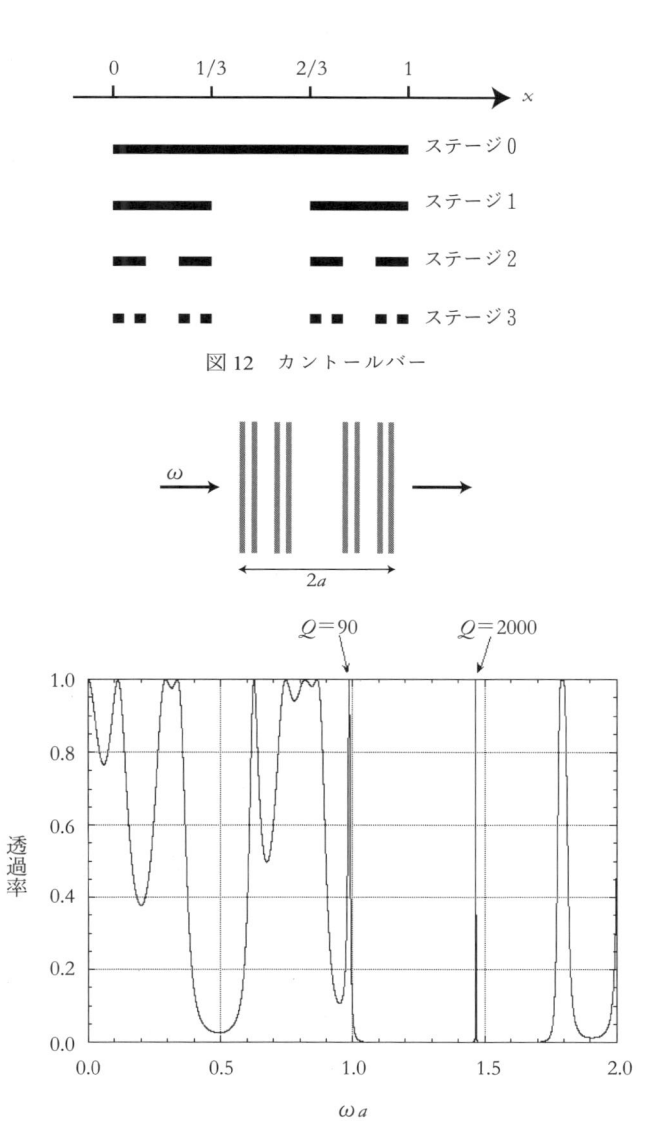

図 13　(上) 誘電体多層膜からなるステージ 3 のカントールバー，(下) 透過スペクトル

で定義する．カントール集合では $S=3$, $N=2$ なので，

$$D=\frac{\log 2}{\log 3}=0.6309\ldots \qquad (4)$$

である．これに対して我々が日常目にする「正常な」図形では D は空間の次元に一致する．

実際の試料作製では図 12 の操作を無限回繰り返すことは不可能なので，適当な回数で打ち切る．このようにして出来上がった構造をカントールバーと呼ぶ．

膜の厚みがカントールバーを構成する線分の長さの比になるようにした，誘電体多層膜の透過スペクトルを図 13 に示す．試料内で生じる複雑な干渉の結果，透過スペクトルにはフォトニック結晶に類似の低透過率領域が見られる．また，局在モードによるきわめて鋭い透過ピークがいくつか現れている．透過ピークの中心周波数と半値幅の比から求めた共振の Q 値は最も大きいもので 2000 程度である．

4.2 メンジャースポンジ（3 次元フラクタル）

1 次元フラクタルでは，局在モードの電磁エネルギーは座標軸の正負の 2 方向に逃げ去る．2 次元フラクタルでは 2 次元面内の 360°すべての方向に，3 次元フラクタルでは全立体角にわたってエネルギーが散逸する．このようにフラクタルの次元が大きくなるほどエネルギー散逸のチャンネルが増えるので，電磁波の局在には不利である．しかし，3 次元フラクタルの場合でも比較的大きな Q 値をもつ局在モードが見つかった．

そこで，まず，代表的な 3 次元フラクタルであるメンジャースポンジの構成法について説明しよう．最初に立方体を用意する．各辺を 3 等分して 27 個の小立方体を作り，体心（1 箇所）および面心（6 箇所）の位置にある 7 個の小立方体を取り除く（ステージ 1,図 14 参照）．次に，残りの 20 個の小立方体のそれぞれについて，各辺を 3 等分してさらに小さな 27 個の立方体を作り，体心および面心の位置にある 7 個の小立方体を取り除く（ステージ 2）．これを無限回繰り返したときに，残った点の集合がメンジャースポンジである．メンジャースポンジでは $S=3$, $N=20$ なので，フラクタル次元は

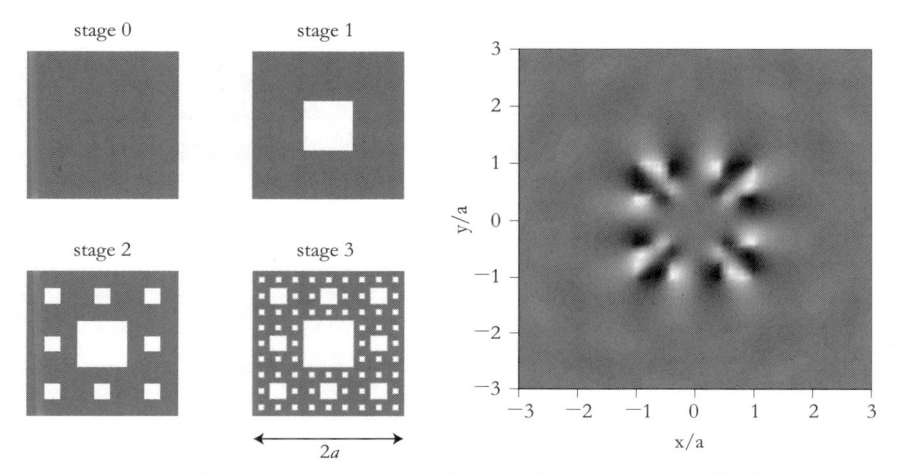

図14 （左）メンジャースポンジの側面と（右）局在モードの電場分布

$$D=\frac{\log 20}{\log 3}=2.726...\qquad(5)$$

である．

　局在モードはFDTD法（時間領域差分法）を用いて計算することができる．メンジャースポンジの比誘電率を8.8（金属酸化物を添加したエポキシ樹脂）にとると多数の局在モードが見つかる．$\omega a/2\pi c<1.5$ の周波数範囲で最も高いQ値は840であったが，そのモードの電場分布（xy面上の電場のz成分）を図14に示す．メンジャースポンジは立方対称であって高い空間対称性をもつ．このため，図6に示した2次元正方格子の局在モードの場合と同様，メンジャースポンジの局在モードも高い対称性をもつ．群論の言葉でいうと，メンジャースポンジの対称性を表す点群はO_hであり，図14の局在モードはそのE_u表現である．

　フラクタルの重要な性質に自己相似性がある．前節で述べたように，カントール集合は3分の1に圧縮すると，元のカントール集合の区間 [0, 1/3] の部分にぴったりと重なる．メンジャースポンジの場合も同様で，すべての辺を3分の1に圧縮すると元のメンジャースポンジの20個の小立方体の1つとぴったりと重なる．そこで，カントール集合やメンジャースポンジの電磁波の伝搬性能を調べるときに，電磁波の波長を3分の1にする（したがって，周波数を3倍にする）とだいた

い元と同じような性能が得られるはずである．

　これに対して現実の試料のステージ数は無限大ではなく有限なので，厳密な意味での自己相似性をもたない．しかし，近似的であるにせよ一定の周波数の範囲で自己相似と見なし得るような，比較的ステージ数の大きな試料の作製も可能になってきている．自己相似性の検証については今後の研究成果に期待したい．

　また，メンジャースポンジのような3次元フラクタルの場合，透過・反射スペクトルよりも90°散乱スペクトルの方が電磁モードの解析にははるかに強力であることが，最近の理論研究から分かってきた．この点についても追々，実験検証がなされるものと期待する．

5. まとめ

　本章ではフォトニック結晶における電磁波の伝搬や物質の示す光学的性質，あるいは，フラクタルの局在電磁モードなどについて解説した．波長程度の小さな空間に強く局在した電磁モードによって，電子準位のラビ分裂といった典型的な量子現象が観測されたり，フォトニック結晶導波路を使って将来の光通信技術を担う微小光学回路が実現されたりと，フォトニック結晶は基礎，応用の両面でますます盛んに研究が進もうとしている．近い将来にはフォトニック結晶導波路をほとんど減衰せずに伝搬する単一フォトンの送受信も可能になると期待されていて，いっそうフォトニック結晶の応用分野が広がりそうである．

関連図書案内

迫田和彰「フォトニック結晶入門」森北出版，2004年
犬井鉄郎・田辺行人・小野寺嘉孝「応用群論」裳華房，1976年
本田勝也「フラクタル」朝倉書店，2002年
霜田光一「レーザー物理入門」岩波書店，1983年
橋本修・阿部琢美「FDTD時間領域差分法入門」森北出版，1996年

第9章
レーザー電子光で探るクォークの世界

中野 貴志

1. はじめに

　我々の身の回りにある全ての物質は約100種の原子から出来ている．原子は，正に帯電した原子核とそのまわりを漂う電子（電子雲）で出来ている．さらに原子核は，正の電荷を持つ陽子と電気的に中性な中性子と呼ばれる核子で構成されている．

　核子を構成する究極の（少なくとも現在のところ究極と考えられている）素粒子がクォークである．クォークには，色々と普通の粒子にはない変わった性質（例えば，分数電荷を持つ）があるが，最も不思議な性質は，ビッグバンから137億年経った現在の冷えた世界では，核子の中のクォークを単独で自由なクォークとして取り出すことができないということである．クォークの運動を決定づける量子色力学（QCD）の基礎方程式は非常に単純で，一行でかけるのだが，それを解くことは一般に非常に難しく，このクォークの閉じ込めの正確なメカニズムも未だわかっていない．

　核子を始めとするハドロンの中にクォークがどのように閉じ込められているか探る方法は色々ある．例えば，スーパーコンピュータ中に擬似的な4次元の時空を設定し，基礎方程式に従う擬似的なクォークの動きを追う格子QCDも有効な方法の1つである．

　本章では，高エネルギーの光ビームを用いて，ハドロン中のクォークの振る舞

いを調べる研究，特にペンタクォークと呼ばれるエキゾティック粒子の探索実験について解説する．

2. 分子，原子，原子核

いきなりクォークの話をする前に我々の身の回りにある物体やそれらの間に働く力から始めよう．日常生活の中で一番身近に感じる力は重力である．重力は質量を持つ2つの物体の間に働き，その大きさは，それぞれの質量に比例し，距離の2乗に逆比例する．つまり，距離が2倍になると4分の1に，距離が3倍になると9分の1になる．この距離依存性は，豆電球の光の強さの距離依存性と全く同じであるが，実際，現代物理学では，質量を持つ物質は，質量に比例した量の重力子という粒子を放出し，重力子の交換により，重力が働くと考えられている．（ただし，重力子は実験的にまだ発見されていない．）

重力の次に一般的なのが，重力子と同じく質量0の光子の交換により媒介される電磁力である．2つの電荷を帯びた物体の間に働く静電気力は重力と全く同じ逆2乗の式で表すことができる．ただし，力の働く向きに違いがある．重力は，常に引き合う方向に働く引力なのに対し，電気力は，2つの物体の電荷が同符号なら斥力，異符号なら引力である．もう1つ大きく違うのは，その力の大きさである．例えば2つの電子の間に働く電気力は，重力の実に 4×10^{42} 倍である（第4章参照）．この巨大な比は，2つの力が同じ形の方程式に従うので，距離が変わっても変わらない．しかしながら，日々の生活で電磁力を実感することは稀である．それは我々の身のまわりにある物質がほとんど同じ数の正電荷（陽子）と負電荷（電子）を含み，電気的に中和されているからである．ただし，ミクロの目に見えない世界では，この電気の力はとても大きな役割を果たしている．例えば，壁を押してみよう．手は壁からの反作用を感じるが，このとき壁表面の分子の電子雲と手の皮膚表面の分子の電子雲の間に無数の光子が交換され斥力を生んでいる．机の上のコップが沈まないのも，地球が自らの重力に押しつぶされないのも電磁力のお陰なのである．

3. 原子核の大きさと安定性

ここで大きな謎がある．それは原子核の安定性である．原子の中心にある原子核は非常に重くて小さい．電子雲の広がりによる原子の大きさが 10^{-10}m 程度なのに対し，原子核の大きさは 10^{-15} — 10^{-14}m 程度である．（両翼100mの甲子園球場のグランドを原子の大きさとすると，原子核の大きさは直径1cmのビー玉程度になる．）核子の大きさは，約 10^{-15}m = 1fm（フェムト・メートル）なので，原子核中には，核子がほぼ隙間無く詰め込まれていることになる．

陽子と陽子の間に働く重力（引力）と電気力（斥力）の比も電子の場合と同じく距離に依らず一定である．陽子は，電子の約2000倍重いので，重力は，400万倍になるが，それでも電気力による斥力は，10^{36}倍大きい．原子核を安定にするためには，この強い斥力を打ち消す強い引力が必要である．また，その強い引力が及ぶ範囲は核子の大きさ程度でないといけない．

この謎を解くためには，特殊相対性理論と量子力学の発展を待たなければならなかった．現代の物理学では，力の伝播は，力を媒介する粒子の交換によると考えられている．その力の到達距離は，媒介される粒子の質量に反比例する．質量が0の光子や，重力子のよって伝わる電磁力や重力の到達距離は無限大になる．一方，近距離でだけ働く核子と核子を結びつける力の担い手は，有限の質量を持たなければならない．核子と核子が有限質量の粒子を交換するという現象は，古典的にはエネルギー保存則を破るので不可能だが，量子力学の不確定性 $\Delta T \cdot \Delta E \geq \hbar$ の範囲で可能である．交換される粒子の質量 m を，そのエネルギーの不確定性 ΔE に等しいと置くと，時間の不確定性 ΔT の上限が $\hbar/mc^2$ と決まり，これに光速をかけることにより力の到達距離がだいたい $\hbar/mc$ と決まる．プランク定数と光速の積 $\hbar c$ はエネルギーと距離の積の次元を持ち，素粒子物理学で良く使われる光速 c を無次元の1とする単位系を使うと約 200MeV・fm である[1]．この単位系では質量もエネルギーと同じ次元を持ち，電子の質量は約0.5MeV，核

---

[1] MeV はメガ電子ボルトというエネルギー量を表す単位で，1MeV は電子を100万ボルトの電位差で加速したときの運動エネルギーに等しい．

子の質量は約 940MeV と測られる．湯川は核力の到達距離が核子の大きさ程度の約 1fm であることから逆算して，質量が約 200MeV の中間子の存在を予言した．その後，実験で確認された π 中間子の質量は約 140MeV と湯川の予言に極めて近く，粒子の交換により力が伝わるという考え方の普遍性を示した．

4. クォークの閉じ込めとハドロン

近年の加速器の進歩によって，核子や π 中間子と性質の似た粒子が 100 種類以上も見つかり，さらには核子が点ではなく有限の拡がりを持つ複合粒子であることがわかった．陽子や π 中間子は，素粒子ではなかったのだ．現在の標準理論で，素粒子とされているのは，電子やニュートリノなどのレプトンとクォークおよびそれらに働く力を媒介する光子や W ボソンなどのゲージ粒子である．

クォークには，質量の軽い順に，アップ（u），ダウン（d），ストレンジ（s），チャーム（c），ボトム（b），トップ（t）の 6 種類がある．地球上で安定な粒子は最も軽い u クォークと d クォークだけで構成されているが，加速器を使えばその他のクォークを実験室で生成することができる．表 1 に比較的軽いクォークとその反クォークの量子数を示す．

クォークの運動の基礎理論である量子色力学（QCD）によれば，赤，青，緑の色電荷を帯びているクォーク間に働く力は，それ自身が色電荷を帯びたグルーオンの交換により媒介される．この力は，ゴムひものように距離に比例して大きくなり，その結果，実験で観測されるのは，色電荷が "白色" に中和された複合粒子だけである．そのような白色に中和されたクォークの複合粒子をハドロンと呼んでいる．ハドロンには，3 個のクォーク（qqq）からなるバリオンとクォーク・反クォーク対（$q\bar{q}$）からなるメソンがある．

クォークは本来非常に軽く u クォークや d クォークの質量は高々数 MeV 程度である．エネルギーの低い世界では，クォークはハドロン内に動的に閉じ込められ[2]，350MeV 程度の有効質量を獲得する．これは，クォークがハドロン内でグルーオン場との強い相互作用により，絶えず運動方向を変えるため，外から見るとあたかも質量（＝静止エネルギー）の大きいゆっくり動く粒子が存在するように

表1 比較的軽いクォークとその反クォーク

フレーバー	電荷	バリオン数	ストレンジネス	質量
u	$+2/3$	$+1/3$	0	$1.5\sim3.0$MeV
d	$-1/3$	$+1/3$	0	$3\sim7$MeV
s	$-1/3$	$+1/3$	-1	95 ± 25MeV
$\bar{u}$	$-2/3$	$-1/3$	0	$1.5\sim3.0$MeV
$\bar{d}$	$+1/3$	$-1/3$	0	$3\sim7$MeV
$\bar{s}$	$+1/3$	$-1/3$	$+1$	95 ± 25MeV

見える現象である．この有効質量を持つ構成クォークモデルは，ハドロンの質量スペクトルや磁気モーメントを良く再現し，大きな成功を収めた．また，クォークモデルでは説明できないπ中間子やK中間子等の軽い中間子も，クォークの動的質量獲得の際に自発的に破れたカイラル対称性（用語解説参照）に対応する南部・ゴールドストン粒子（用語解説参照）として理解できる．しかしながら，π中間子やK中間子以外にも構成クォークモデルでは，うまく説明できない質量を持つハドロンがいくつかあること，構成クォークモデルで予言されているが実験で見つかっていない状態が数多くあることなど，我々のクォークの閉じ込めに対する理解がまだまだ不十分であることを示すいくつかの事実がある．この状況を打開し，低エネルギー領域でのQCD（ソフトQCD）を理解する鍵となりうると期待されるのが，エキゾティック粒子の研究である．

QCDによれば原理的には，$q\bar{q}$やqqq以外の構成，例えば，$qq\bar{q}\bar{q}$や$qqqq\bar{q}$による白色の状態が可能なのだが，30年以上に及ぶ探索でも確認されることはなく，4個以上のクォークからなる粒子（エキゾティック粒子）の不在は長らく物理学者を悩ませてきた謎であった．エキゾティック粒子を実験的に確立するのが難しいのは，ハドロン中に閉じ込められているクォークを直接取り出すことができないことにもよる．$\Lambda(1405)$（ラムダ1405，sクォークを1つ含み，質量が約1405MeVで，電荷は0）というバリオンは，その質量がK$^-$中間子（$s\bar{u}$，質量が約500MeV）と陽子

---

[2] クォークは，ハドロン内で大きな運動エネルギーを持つ．しかしクォークが運動できる領域はハドロン内に限られている．

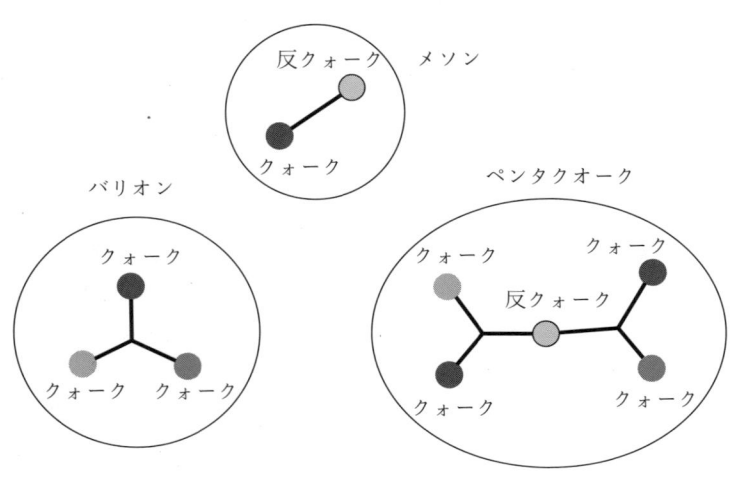

図1 ハドロンに閉じ込められたクォーク

(uud, 質量が約 940MeV)の質量の和に近く, 5クォーク状態($uuds\bar{d}$)の有力な候補だが, 同じ量子数をもつ状態は3クォーク(uds)でも構成可能である. 陽子の場合でも, 3つのクォークからなる芯の周りにπ中間子の雲をまとっているとすると5クォーク成分を含むと考えられる.

反ストレンジクォークを含むバリオン(Zバリオン)は, 主に60年代から70年代初頭にかけて主に1700MeV以上の比較的質量が大きい領域で精力的に探索され, 存在を示唆する実験結果も出たが, 確定的な証拠は得られず, その存在が疑問視されていた. ところが最近, バリオンをクォークの芯とそれを取り巻くπ中間子やK中間子の雲として扱うカイラルクォークソリトンモデルを使った理論で, 非常に軽く(1530MeV)かつ幅の狭い(〜15MeV)Zバリオンが予言された. このストレンジネス量子数が＋1で電荷が＋1の粒子はΘ^+と呼ばれている. Θ^+は2つずつのuおよびdクォークと反sクォークの計5個のクォークで構成されているため, 決して3クォークでは構成することができず, Λ(1405)のような曖昧さがない. Θ^+は, 本質的にエキゾティックな粒子, ペンタクォークである. 図1にいろいろなクォーク閉じ込めの形態を示す.

5. レーザー電子光

　レーザー電子光（Laser-Electron Photon: LEP）とは，レーザー・逆コンプトン光[3]とも呼ばれ，レーザー光線が電子ビームによって跳ね返された結果得られる高エネルギー光ビームである．我々，LEPS（Laser-Electron Photon at SPring-8）グループは，SPring-8 の 8GeV（8×10^9eV）の蓄積電子ビームに 3.5eV（波長 350nm）の紫外レーザー光を正面衝突させることによって，最高エネルギーが 2.4GeV のレーザー電子光ビームを生成し，原子核実験を行っている．光のエネルギーと波長は反比例するので，エネルギーが 3.5eV から 2.4GeV に 7 億倍に増幅される際に波長は 7 億分の 1 の 0.5fm に短縮される．これは非常に短い波長であるが，それでも核子の大きさと同じ程度である．例えば波長が 3m 程度の FM ラジオ波で家の形をはっきり"見る"ことができないように，日常的な意味で 2.4GeV のレーザー電子光で核子やその中のクォークを見ることは出来ない．レーザー電子光で，クォークの世界を探る時，重要になるのは光の波としての性質ではなく，純粋なエネルギーの塊である粒子（＝光子）としての性質である．SPring-8 のレーザー電子光施設でも，毎秒 10^6 個程度の光子が生成され，それらは 1 個ずつ全て検出器で数えられている．

　レーザー電子光の発生には，極めて軌道の安定した大強度蓄積電子ビームが必要である．特に，高いエネルギーのレーザー電子光を発生させるためには，電子ビームのエネルギーが高いことが本質的に重要である．このことは，これまで世界最高エネルギーを誇っていたヨーロッパ最大の放射光施設 ESRF（蓄積電子ビームエネルギー 6GeV）におけるレーザー電子光の最高エネルギーが 1.5GeV であり，2.4GeV の（電子エネルギーの比である）6/8 倍よりかなり低いことからも明らかであろう．レーザー電子光の優れた特徴としては，(1) 直線及び円偏光したレーザー光を用いることにより，簡単にスピン偏極[4]した高エネルギー光ビームを得るこ

---

[3] コンプトン散乱とは X 線（高いエネルギーをもつ光）が物質中の電子と相互作用して低いエネルギーの 2 次 X 線を出す現象だが，逆コンプトン散乱では，低いエネルギーを持つ光が高エネルギー電子と衝突した結果，高いエネルギーを得ている．

[4] 光子のスピンの方向が揃っていること．

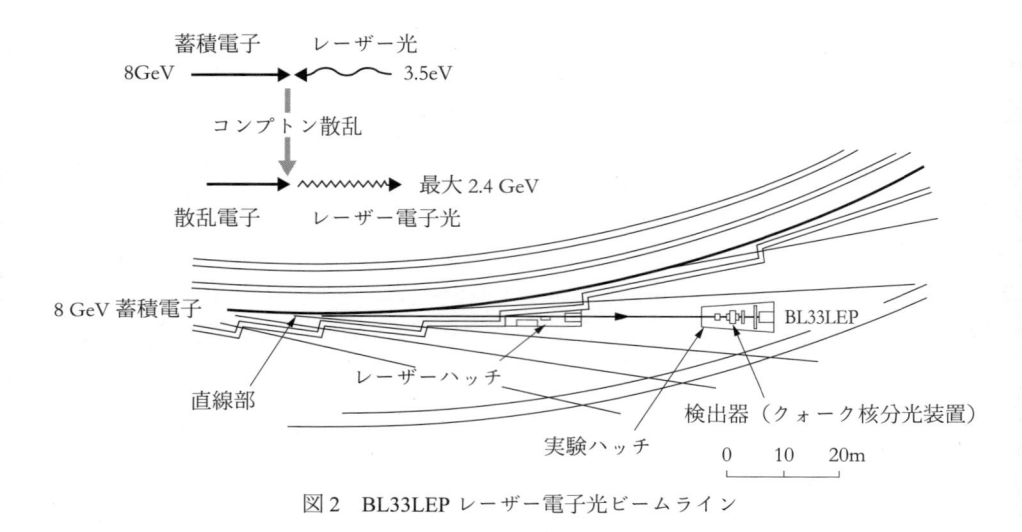

図2 BL33LEP レーザー電子光ビームライン

とができること，(2)原子核・素粒子実験にとって背景事象[5]の源となる低エネルギー（〜100MeV以下）の成分が光ビーム中に極めて少ないこと，(3)光ビームの指向性がよく，超前方[6]の測定に適したコンパクトな検出器系が使用できることがある．逆コンプトン散乱によって光ビームを生成するアイデアは古くからあったが，1GeVを超えるエネルギー領域で，素粒子・原子核実験が行えるほど高い強度のレーザー電子光ビームが生成できるようになったのは，専用の加速器を持った第三世代の放射光施設が建設されるようになってからである．

　レーザー電子光を発生させるためには，電子ビームとレーザー光を衝突させる必要がある．我々はSPring-8の61本のビームラインの内の1本のビームラインをレーザー電子光専用ビームライン（BL33LEP）として使っている．BL33LEPビームラインでは，2つの偏向電磁石の間の直線部において，電子ビームとレーザー光とを正面衝突させている．レーザー電子光ビームの方向は電子ビームの方向と殆ど同じであるため，BL33LEビームラインは直線部の延長線上に位置する．実験ホール内には，図2に示されるように，「レーザーハッチ」と「実験ハッ

---

[5] 研究対象にはならない様々な反応プロセス．ここでは電子・陽電子対生成が主な背景事象になる．

[6] 光ビームの進む方向を前方とする．

チ」と呼ばれる2つの光学ハッチが設置されている．レーザーハッチ内には，レーザー発振器とレーザー光学系が収納されていて，ここから直線部に向かってレーザーが打ち込まれる．直線部での逆コンプトン散乱によりエネルギーが増幅されたレーザー電子光はレーザーハッチを素通りして，実験ハッチに到達する．

レーザー電子光のエネルギーと方向の間には対応関係がある．しかしながら，実験に使われる 1GeV 以上の光は超前方領域に集中するので，方向とエネルギーの対応関係を用いてレーザー電子光のエネルギーを決定することは事実上不可能である．そのため，レーザー電子光のエネルギーは，逆コンプトン散乱によりエネルギーの一部を失った散乱電子のエネルギーを測定することによって求める．蓄積電子よりエネルギーの低い散乱電子は，直線部のすぐ下流の偏向電磁石で大きく曲げられ周回軌道から外れる．偏向電磁石の直後に設置されたタギング検出器で電子の通過位置を測定することにより散乱電子のエネルギーを決定する．レーザー電子光のエネルギーは蓄積電子のエネルギーから散乱電子のエネルギーを差し引くことで求められる．この測定のエネルギー分解能は，約 10MeV である．

図3は，クォーク核分光装置と呼ばれる実験装置で，荷電粒子の運動量と質量を分析する．まず，運動量は荷電粒子の磁場中での軌道の曲率から求める．荷電粒子が 1T・m（テスラ・メートル）の磁場領域を通過すると進行方向と直角の方向に約 300MeV/c の運動量キックを受ける．同じ運動量を持つ粒子でも，質量によって速さが異なるので，粒子が標的から検出器の端まで飛行するのにかかる時間を測定することにより質量を分析することができる．クォーク核分光装置は，2GeV までの π 中間子と K 中間子を分離し，それらの運動量を 1% の精度で測定することができる．

6. LEPS での Θ^+ 探索実験

LEPS での実験は，最初から，Θ^+ を探索することを目指していたわけではない．水素（陽子）標的による φ（ファイ）中間子生成反応 $\gamma p \to \phi p \to K^+ K^- p$ の精密測定が最初の中心課題だった．探索の契機となったのは，水素標的のすぐ下流

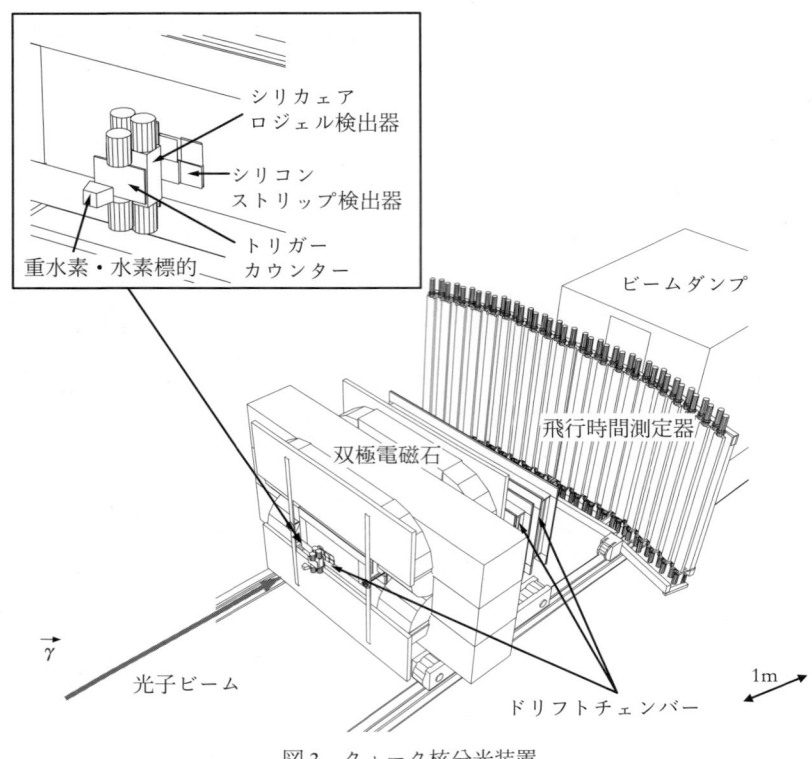

図3 クォーク核分光装置

に設置されたプラスチックシンチレーターに含まれる炭素原子核中の反応 $\gamma n \to K^-\Theta^+ \to K^-K^+n$ を解析することを思いついたことである．検出器は荷電中間子の測定に最適化してあるので，この反応に対する検出効率はすこぶる高い．ただし K^- と K^+ が検出されたからといって，それが必ずしも Θ^+ の生成を意味するわけではない．ほとんどの K 中間子対は，Θ^+ 探索にとって背景事象となる他の反応プロセスによって生成されている．K 中間子対を生成する反応プロセスの中でも，もっとも頻繁に起こる $\gamma n \to \phi n \to K^-K^+n$ 反応は，K 中間子対の不変質量が，ϕ メソンの質量である 1019MeV に一致するので簡単に取り除くことができる．次に，シンチレーター中の陽子との反応 $\gamma p \to K^-K^+p$ による寄与は，シンチレーターのすぐ下流の位置検出器で陽子が見つからないことを要求して取り除く．残った事象に対して，始状態の光子エネルギーと終状態の K^- 中間子運動量

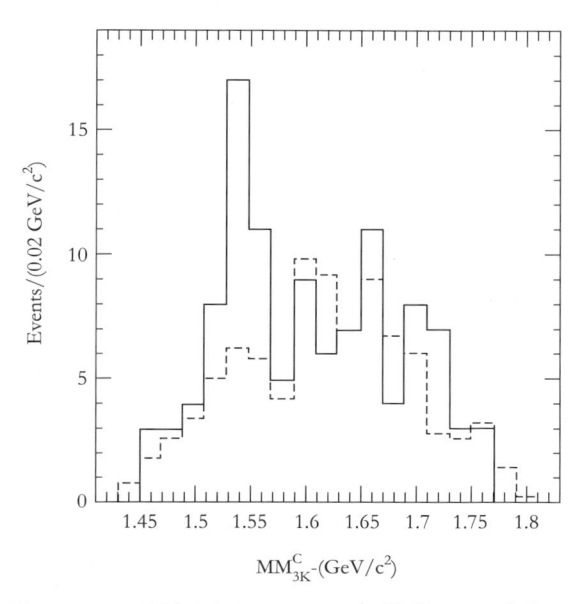

図4 LEPS で測定された $\gamma n \to K^-K^+n$ 過程での nK^+ 系の不変質量分布．点線は $\gamma p \to K^-K^+p$ 過程での pK^+ 系の不変質量分布．（Nakano et al.（2003）より転載）

の情報から，エネルギー運動量保存則を用い，nK^+ 系の質量を計算する．崩壊幅の狭い Θ^+ があれば，不変質量分布に鋭いピークとして現れる．（ハドロンの世界では決まった質量を持つということと，粒子が存在するということが同値で，崩壊幅が狭いということと，その粒子の寿命が長い（より安定である）ということは同値である．）

ただし，炭素原子核中の中性子は動いている（フェルミ運動している）ので，始状態のエネルギー運動量は正確にはわからない．中性子が静止していると仮定して nK^+ 系の不変質量を求めると，フェルミ運動の影響で 50MeV 程度の誤差が生じる．この影響を補正するために，同じ静止中性子の仮定をして求めた終状態の中性子質量の真の値からのズレを nK^+ 系の質量測定値に加えた．この補正によってもフェルミ運動の影響を完全に取り除くことはできないが，20MeV 程度の質量分解能は得られる．

こうして求められた nK^+ 系の不変質量分布を図4に示す．点線は，液体水素標的を用いて同時に測定された pK^+ 系の質量分布である．nK^+ 系にのみ質

量 1540MeV のところに鋭いピークが見られる．ピークの中心値は，1540 ± 10MeV，崩壊幅は 25MeV 以下，統計的信頼度は 4.6σ であった．これが Θ^+ の存在を示す最初の実験結果だった．

7. 他の実験グループによる検証

LEPS の実験結果の統計的信頼度 4.6σ は，過去の歴史に照らせば，結果が「偶然」あるいは「実験の誤り」でないと言い切れるほど高くはない．Θ^+ が新粒子として確立するためには他の実験グループによる検証が必要である．

ロシアの ITEP 研究所では，DIANA グループが 1986 年にキセノン (Xe) を密封した泡箱に K^+ ビームを入射した実験データの再解析を行った．Xe 中で減速して約 500MeV になった K^+ 中間子の荷電交換反応 $K^+ \text{Xe} \to K^0 p \text{Xe}$ を同定し，$K^0 p$ 系の不変質量分布を求めた結果，中心値が 1539MeV で，統計的信頼度が 4.4σ の鋭いピークがあることを発見した．

アメリカのジェファーソン研究所の CLAS グループは，1999 年に行われた液体重水素標的を用いた実験の再解析を行った．$\gamma d \to K^+ K^- pn$ 反応の終状態に現れるすべての荷電粒子の運動量を測定することにより，フェルミ運動の影響を受けることなく中性子の運動量を決定することができる．その上で，nK^+ 系の質量を求め，中心値が 1542MeV で幅が 21MeV，信頼度 5.3σ のピークを確認した．ピーク幅は，測定誤差にほぼ等しい．同グループは水素を標的とする実験の再解析も行い，$\gamma p \to K^- K^+ \pi^+ n$ 反応の nK^+ の不変質量分布に約 5σ のピークを確認している．そして，ほぼ同時期にドイツの ELSA 研究所の SAPHIR グループも，過去の $\gamma p \to K^0 K^+ n$ 反応データを解析して，質量が 1540MeV で信頼度が 4.8σ のピークを確認した．崩壊幅の上限値は 25MeV であった．

個々の実験の統計的信頼度は，4—5σ と依然確定的ではないが，すべての実験が同じ中心値のピークを偶然観測する確率は低く，新粒子の存在は，実験的に確立したかに思えた．

8. 反証実験結果

 2003年に入って,主に高エネルギーのビーム衝突型実験(コライダー実験)でΘ^+が確認できないという報告が相次いだ.コライダー実験では3クォークバリオンの生成率は,クォークの種類にはほとんど依らず,その質量に依存するという経験則が成立していた.ところがΘ^+の生成率は,同じくらいの質量を持つ L(1520)(ラムダ1520,質量は約1520MeV)の100分の1以下であった.ただし,この小さな生成率だけでは,Θ^+が存在しないという証明にはならない.実際,クォーク構造が全くバリオンと違うメソンは,同じくらいの質量でも,ずっと多く生成される.これらの実験で言えるのは,Θ^+が存在するのであれば,そのクォーク構造は通常のバリオンと全く違うということである.
 しかしながら,2003年にCLASが行った高統計再実験で,事態は一変した.実験は,陽子及び重水素を標的とし,光ビームが照射された.その結果,SAPHIRグループと同じ$\gamma p \to K^0 K^+ n$でΘ^+の存在を示すシグナルが見つからず,また,自らが肯定的な結果を報告した$\gamma d \to K^+ K^- pn$モードでもシグナルが見つからなかった.過去の実験結果が相次いで否定されたインパクトは非常に強く,原子核研究者の間では,Θ^+の存在に対して否定的な意見を持つものが大多数になった.

9. LEPSでの再実験と今後の展望

 我々LEPSも,ただ手をこまぬいて事態を見守っていたわけではなく,陽子と中性子で構成される重水素の標的に光ビームを当て,$\gamma n \to \Theta^+ K^-$反応と$\gamma d \to \Lambda(1520)\Theta^+$反応による$\Theta^+$の探索を行った.データ解析はまだ完全には終了していないが,予備的な解析では,いずれの反応モードでも,Θ^+の存在を強く示唆する,質量分布中のピークが見えている.今後は,LEPSでの肯定的な結果が,他の否定的な結果,特に同じ光ビームを使うCLASの結果と相容れるものなのかを理論的に吟味すると同時に,実験条件を全く変えない重水素標的を用いた再

実験を高統計で行い，LEPSの結果が偶然のいたずら，或いは人為的なミスによって得られたものでないことを調べる必要がある．

この原稿を書いている今もSPring-8では着々とデータが収集され続けている．2007年の夏には，今までの約3倍の統計量のデータが得られ，少なくともLEPSの実験結果については，はっきりした結論が出るであろう．

最後になるが，光ビームを用いたハドロンの研究は，ペンタクォーク探索だけではないことを強調したい．既に存在が確立したバリオンの構造を調べる上で，直線偏光した光ビーム有効性が徐々に明らかになってきた．決してハドロンの外に取り出せないクォークの様子を探る上で，反応の過程で交換される粒子の量子数をコントロールできる光ビームは，大きな武器なのだ．

関連図書案内

B. ポッフ，K. リーツ，C. ショルツ，F. サッチャ著（柴田利明訳）「素粒子・原子核物理学入門」シュプリンガー・フェアラーク東京，1997年
江尻宏泰「絵で見る物質の究極」講談社ブルーバックス，2007年
南部陽一郎「クォーク―素粒子物理はどこまで進んできたか」講談社ブルーバックス，1998年

第10章
光で操るミクロの世界
—— レーザーが創りだす非平衡散逸系 ——

吉川 研一

1. 光が物体に及ぼす力

「光と物理学」の最後となるこの章では，光でものを操るという話をしよう．

光は運動量をもつので，物体に衝突し反射・屈折が起きると，反作用としてその物体に力が働く．この光の特質を上手に利用すると，物質に引力や反発力を働かすことが可能となる．実際，光により引力場を形成することにより，原子の集団にボーズ凝縮といった量子論的効果を引き起こすことができる．このような光の性質を利用した量子論的な物性に関する研究は，最近の物理学のトピックスであり，本書の第一部で高橋により紹介されている．一方，マクロな系では，小惑星イトカワから地球への帰還を目指している探索機"はやぶさ"が，化学燃料不足の中で，最終的な手段として太陽光の圧力を利用していることも，最新の話題であろう．このように光は，原子のような小さなものを空間に静止させたり，宇宙探索機のような大きな物体を動かすような力を発生させることができる．一方，物体に光を照射して生じる反射・屈性・吸収などの過程は，全体としてはエネルギーが注入・散逸するシステムとなっている．このことから，光の照射されている系では，後述するように，リミットサイクル振動や各種の分岐現象など，非平衡散逸系ならではの動的な特性が現れることが期待できる．

ここで，入手の容易なミリワット（mW）程度の出力の定常（CW）レーザーについて，物体に及ぼす力を概算してみよう．レーザー出力を P，光速を c とすると，

物体に及ぼす力 f はおよそ次のようになる．"〜"が，おおむね等しい（あるいは桁が等しい）ことを意味する記号とすると，

$$f \sim \frac{P}{c} \tag{1}$$

ここで P を c で割ったものが力になることは，物理量の次元を考えても理解することができる．P は，エネルギーの単位の J（ジュール）を，時間 s（秒）で割った量である．一方光速 c の次元は，長さ m を時間 s で割ったものである．J は，力の単位である N（ニュートン）と長さ m の積であることを考慮すると，f の単位は N となり，力を表していることがわかる．

上の関係式を用いると，数 mW のレーザー光が物体に照射され反射・屈折・吸収などが起こると，物体には $P/c \sim 10\mathrm{pN}$（ピコニュートン；10pN = $1/10^8$ ニュートン）程度の力が働くものと予想できる．具体的な問題として，地球の重力のもと，下方からレーザーを上向きに照射したときに，光の力でどの程度のものを浮遊させることができるのか計算してみよう（図1参照）．重力加速度 $g = 9.8\mathrm{m/s^2} \sim 10\mathrm{m/s^2}$，浮遊させたい物体の質量を m とすると，

$$mg = f \tag{2}$$

より，$m \sim 1/10^{12}\mathrm{kg} \sim 1\mathrm{\mu g}$（マイクログラム）となる．水のような比重 1 程度の物質を考えると，1μg は，10μm 程度のサイズの物体であることになる．私たちは，過飽和水蒸気を閉じ込めた箱の中に，1064nm の波長で 5mW の出力の CW レーザー光（YAG レーザー）を上方に向かって照射し，高倍率の凸レンズで集光して，水滴を光の力で浮遊させる実験を行った（図1）．その結果，重力に抗して浮遊してトラップすることの可能な，液滴の限界サイズは，半径 6μm の水滴であることを明らかにしている．この実験結果は，上記の計算で予想した光圧で持ち堪えることのできる物体のサイズと対応していることがわかる．

図1では，垂直方向（レーザーの光軸方向）の力のつりあい，すなわち光の圧力と重力の関係を議論した．では，摂動などの外力を受けて，物体が水平方向に少しずれた場合はどうなるのだろうか？　それを考えるためには，垂直方向以外の力がどうなっているのかを知る必要がある．そこで，レーザー光によってどのような方向に力が働くのかを考えてみよう．一般に，光が屈折率の異なる媒質間を

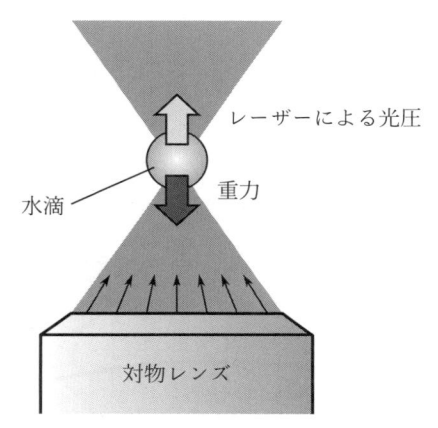

図1 光の圧力と重力との"競争". 気相中ではほとんど浮力が働かないため, 液体中の物体の場合 (後述) に比べて重力の効果が大きい. そのため, 通常のレーザー光 (数mW程度) で浮き上がらせることのできる水滴のサイズも 10μm 程度とかなり小さくなる.

通過する際, 光の運動量が変化するために物体は焦点の方向に引力を受ける. 物体の屈折率がまわりの媒質と異なる場合, 光は物体を通過する際に屈折するため光の運動量が変化し, 物体に力が働く. 図2のFは, レンズを出た全ての光線について, そのような運動量変化によって物体に生じる力を足し合わせたものである. ここで, 物体は集光レーザーの焦点から少しずれた位置にあり, 物体の中心から焦点へ向かう方向に力が働いている. そのため, 物体はレーザーの焦点に引き寄せられ, トラップされる. すなわち, 光軸から外れた物体であっても引き寄せて焦点付近に補足することができる. これを光トラップといい, そのような力はトラップ力などと呼ばれている.

トラップ力の方向と大きさは, レーザーの集光角 (図2で光線aと光線bが焦点fで成す角) によって大きく変化する. レーザーが物体に及ぼす力は, 物体を焦点付近に引き寄せる方向成分 (勾配力と呼ばれる) と, レーザー光の光軸方向に弾き飛ばす方向成分 (散乱力と呼ばれる) の二つの方向成分に分解して考えることができる. 集光角が大きい場合, 勾配力が散乱力を大きく上回るため, 物体が強くトラップされる. しかし, 集光角が小さい場合は, 逆に散乱力が強くなり, 物体のトラップは弱くなってしまう. その極端な例がレンズを介さない平行な

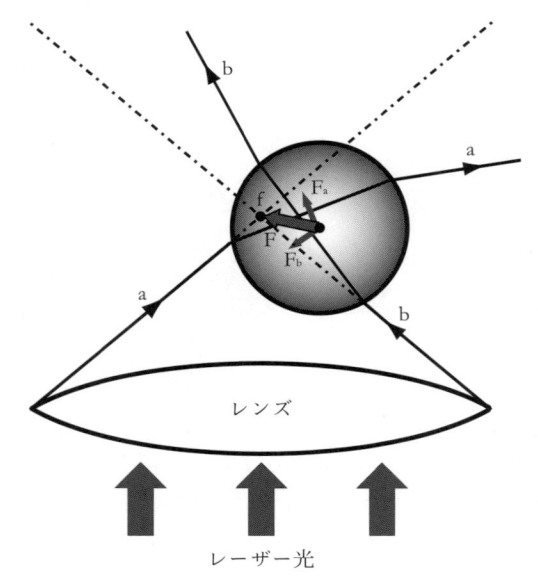

図2　光トラップの模式図．fはレーザー光の焦点，Oは物体の中心である．例として，2つの光線aとbについて，その運動量変化に伴って生じる力をF_a, F_bとして図に示した．レンズを出た全ての光線について，その運動量変化による力を足し合わせると焦点の方向に引力（F）が生じるようになることがわかる．

レーザー光をそのまま当てた場合である．そのような場合はもはや勾配力が働くことはなく，レーザーの進行方向に沿った散乱力だけが働く．

　図1と図2は，いずれも集光角が大きい場合について示したものである．そのような場合，図2におけるFは常に焦点方向を向き，焦点付近にある物体はレーザーの焦点にトラップされる．よって，図1の状態に多少の摂動を加えても，トラップ力によって物体は元の位置に戻り，安定な状態が保たれる．このようにして物体が焦点にトラップされ続ける．

2. レーザー駆動回転モーター

　マイクロメートル程度の物体では，レーザー光が及ぼす力が，重力に抗するほどの大きさになることが分かった．物体のサイズスケールをLとするとその重

力は一般的に L^3 に比例する．それに対して，光圧は面積あたりの力であるから，光圧が一定と仮定したとき，物体にかかる力は L^2 に比例する．このため，重力と光による力との比は，L に比例し，物体が大きくなるほど，光による力は相対的に小さくなってしまう．よって，マクロな物体では光の駆動力は極めて小さいものとなってしまう．光子ロケットが有効であると考えられるのは，宇宙空間では空気抵抗がゼロとなるために，非常に小さな駆動力でも，ロケットを動かすことができるようになるからである．地球上の通常の条件では，光駆動は数十マイクロメートル以下のスケールでのみ可能となるといってもよい．細胞は一般的に数十マイクロメートル程度の大きさであるので，このスケールでは，レーザーによる物体の遠隔操作が有用となる．そこで，次に光の作用によるミクロ物体の回転運動を紹介しよう．

　図 2 には，CW レーザー（YAG；1064nm）によるミクロ物体の回転運動の実験を示した．ここで，溶液中で回転しているのは，らせんの形状をしたアフリカツメガエルの精子クロマチンである．回転のメカニズムは，風車と同様に考えてよい．風車では，片側にひねった羽（カイラル対称性の破れた形状）に風が当たることにより，トルクが生じ，一方向の回転運動をする．図 2 の実験では，風の代わりに，光の流束が物体に回転方向の力を及ぼしている．

　風車との大きな相違点は，回転中心の固定方法である．風車では，羽の中心を金具で固定する．一方，図 2 の光駆動モーターでは，集光レーザーによる光トラップ（引力）が，回転中心を空間に固定している．すなわちこのモーターでは，レーザー光は，羽の中心の空間固定と，羽の回転運動の二つの役割を演じていることに注意しておこう．なお，図 2 で，光トラップにより捉えているのは，プラスチックのミクロビーズ（屈折率は媒質やらせん物体よりも大きい）である．面白いことに，らせん物体の形状が同一であっても，このビーズの接着位置により回転の方向性が逆転する．光の焦点位置を変更させて異なるビーズをトラップすることは容易である．そこで，あらかじめ 2 つのビーズを異なる位置に接着しておけば，焦点とするビーズを変更することによって回転方向をスイッチさせることが可能となるであろう．このような実験は今後の課題として残されている．また，より高い効率で回転運動を生じさせるための幾何学的な形状の設計も，今後に残された課題となっている．

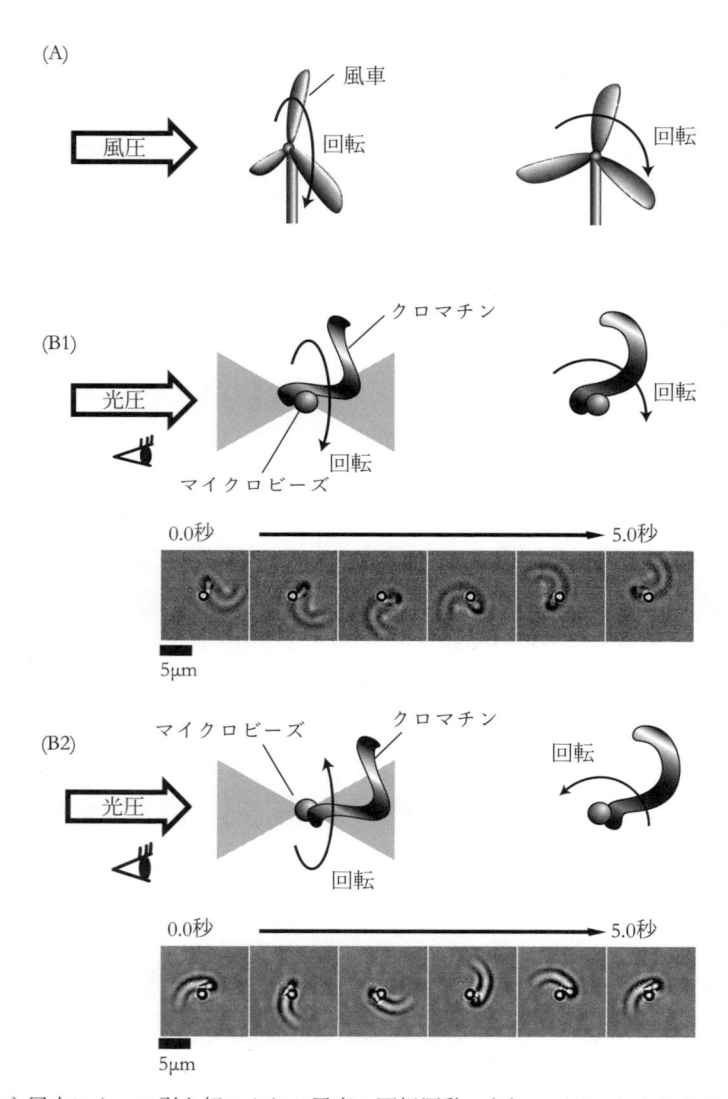

図3 (A) 風力によって引き起こされる風車の回転運動．(B) レーザーによるらせん物体の回転運動．溶液中に存在するらせん物体（ここではアフリカツメガエルのクロマチン）の末端にプラスチックビーズを結合させ，ビーズに光の焦点を当ててトラップすると，物体が回転運動を示す．写真は光源側から観察したもの．(B1) らせんの内側，(B2) らせんの外側にビーズが結合している．(B1) と (B2) では回転方向が反転している．このように，支点となっているビーズの位置が変わると回転方向は逆転する．（Harada and Yoshikawa [2002] を元に改変）

3. レーザー駆動リニアモーター

これまでの話では，レーザー光が物体に当たった際に起こる運動量の変化を利用して物体を操作する方法を紹介してきた．ここでは，それとは異なった原理で物体の運動を制御する方法を紹介しよう．

図3には，532nmの波長の可視光レーザービームを水相の上に浮かんでいる油滴に照射したときの，油滴の運動の様子を示した．

油滴の下部にレーザー光を照射したときには，油滴は光の進行と同方向に運動している．それに対して，油滴の上部にレーザー光を照射すると，光源の方に向かって運動している．すなわち，光の照射位置により，運動の方向性が正反対にスイッチしていることがわかる．このような直進運動のスイッチング現象は，上記の光駆動回転モーターの場合のような，光の運動量変化によっては説明できない．この実験では，油滴には532nmの光を効率良く吸収し，光エネルギーを熱に変換することのできる色素をあらかじめ溶解させている．レーザーの照射位置により，油滴に対してレーザー光の通過部位が変化する．そのことにより，液滴内で温度が上昇する部位が異なる．下部に照射したときには，図で油滴の右側が加熱され，上部に照射したときには，左側の温度が上昇する．一般に，温度の上昇に伴い，界面張力（あるいは界面エネルギー）は減少することが知られている．油滴内部で温度の空間勾配が生じると，界面張力の小さな部位から，大きな部位に向かって界面付近に流体運動が引き起こされる．レーザー光の照射位置の変化に伴い，液滴内部の温度分布が変化し，そのことにより流体の対流運動の方向性が逆転する．これが，図3で示した光駆動型リニアモーターの動作原理となっている．

なお，流体に温度差があるときには，対流運動が引き起こされる．お風呂や，味噌汁の入ったお椀の中に生じる対流は，重力不安定性によるものである．すなわち，お風呂でお湯を下から温めると，体積の膨張のために下の部分の密度が小さくなり，重力の効果で上方に浮き上がろうとする．これが対流を引きおこす．味噌汁の場合には，空気と接した上部の部分が先ず冷やされるので，密度が増大し，やはり重力に起因する不安定性により対流運動が生じる．海洋においても，

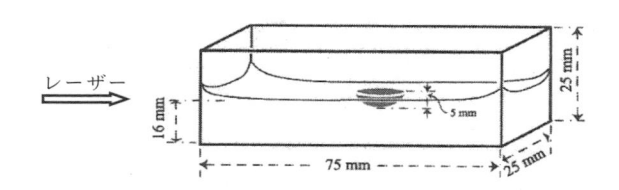

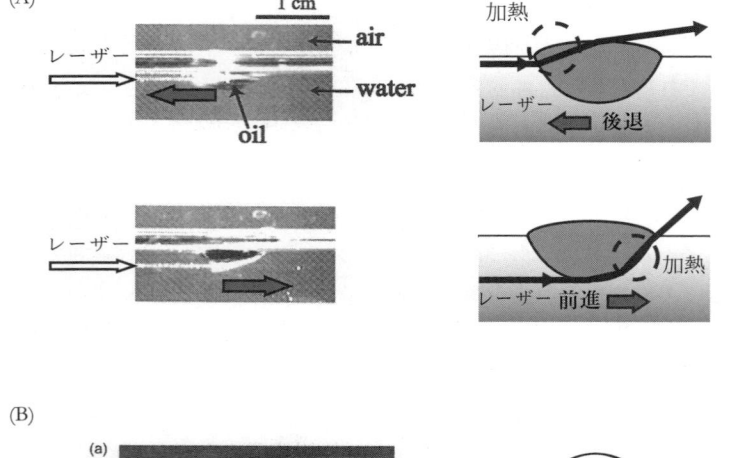

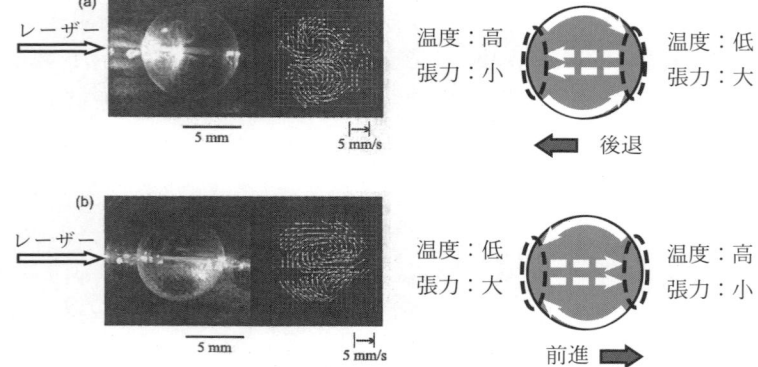

図4 レーザー光（平行光線）による油滴の直進運動の実験．（A）実験装置の模式図．（B）水面に浮かべた油滴に対して光を照射する位置を変えることにより，運動の方向が逆転する．（C）油滴内部の流線とその模式図．（Rybalko et al. [2004] を元に改変）

このような上方，下部の密度の逆転による対流が見られる．

一方，図3のような実験では，液滴のスケールが小さいために，密度差といったような，体積部分に作用する力はあまり重要ではなくなる．ミクロな世界では，体積力に代わって，界面張力といったような，表面に働く力のほうがより重要な役割をするようになる．このことを理解するために，重力のような体積部分に働く力と，界面張力のような表面に働く力の比を考えてみよう．球や正多面体，あるいはそういった形からあまり大きなずれのないような物体を仮定する．三次元的な広がりをもつ物体の場合，体積 V は長さ L の3乗に，面積 S は L の2乗に比例する．すると，面積と体積の比は $S/V \sim 1/L$ で表される．これは，大きな物体ほど体積力が重要であり，より小さな物体ほど表面力が重要となることを意味している．実際，図3の実験で，重力が対流を引き起こす効果は無視できるほど小さくなっていることが，詳しい考察により明らかとなっている．

数十マイクロメートル以下の世界では，このように，表面に働く力がより重要となるが，このようなスケールは，地球上の生命の基本構造である細胞のサイズでもある．細胞の運動や機能を調べる上でも，ここで述べたような考察は意味があると思われる．

さて，いままで説明してきた光駆動型リニアモーターでは，界面張力の空間勾配すなわち，液滴の左右で界面張力が異なることが，液滴の運動を引き起こしていると説明してきた．ここで，界面張力について少し補足をしておきたい．

一般に，水と油のような2つの液体が接している界面を考えると，界面に接している水分子は，界面から遠い位置の水分子に比べて"居心地が悪く"，できるだけ内部に向かおうとする．界面に接している油の分子も同様に，界面から遠い離れた油相中の油分子よりも不安定となっている．このような"居心地の悪さ"はエネルギーの単位であるJで表され，それは接触してできている界面の面積に比例するはずである．このことから，単位面積あたりの"居心地の悪さ"を，界面エネルギーと呼び，これは常に正，すなわち界面ができることによる不安定化の度合いを表す尺度となっている．水をはじくような親油性の表面に水滴を置くと，水滴が球状になるのも，このような界面エネルギーによる不安定性を最小にするためである．

このような考察より，界面エネルギーの単位は，J/m^2 となる．さて，エネルギー

の単位のJは，J＝N・mであるから，この関係を用いると，界面エネルギーの単位は，J/m^2＝N/mとなり，単位長さあたりの力の次元となっていることがわかる．すなわち，面積あたりの不安定化の度合いを表しているエネルギーは，界面が接してできる境界線に直交する方向に働く力と，同じ現象を異なる言葉で表現していることに過ぎないことがわかる．なお，ここで界面エネルギーと呼ぶ場合のエネルギーは，分子の配向度や乱れ方，すなわちエントロピーの寄与の入った，自由エネルギーであることに注意しておこう．

ここで，水と油の系に戻って，温度の影響を考えてみよう．普通，水と油は温度が上昇するとお互いが混じりやすくなる．これは，温度がより高くなると，界面近傍の分子の"居心地の悪さ"の度合いがより小さくなることを示唆している．換言すると，温度が高くなると，界面張力が減少することを意味している．図3の実験で，液滴の下部にレーザーを照射すると，光が液滴から向けて出て来る側（図3の点線部）がより加熱される．すると，液滴の右側部分の温度が上昇し，界面張力は減少する．液滴の左側は張力が大きいので，油滴表面に沿って，右側から左側に向かって，表面に流れが生じる．液滴の体積は変わらないので，表面の流れと逆向きに，液滴内部では左から右方向に流れが生じているがこれは液滴と水相の間には効果を及ぼさないので，駆動力は表面の流れだけに依存している．このようにして，液滴は右方向，すなわち，光の進行方向に向かって運動する．

なお，液体中ではなく，気相中に漂うミクロな粒子も，レーザー光線によって運動することが知られている．この場合も，光の進行方向に進む"順泳動"と"逆泳動"があることが知られている．実際，レーザー光をレンズを通して外部に導出するような実験系を組むと，レンズの表面が，微粒子の"逆泳動"の効果によって汚れてくる．このような，気相中の微粒子の光泳動のメカニズムは，当然のことながら，図3のような液体系での実験とは異なっている．気相中の"順泳動"や"逆泳動"については，これまでも議論はされてきてはいるが，まだ謎が多く残されている．

4. レーザーで物体を捉える（レーザーピンセット）

　原子集団のボーズ凝縮の現象で知られているように，レーザーを集光すると，焦点に向かって原子が引き寄せられる．言い換えると，レーザーが集光した場所には引力の場が生じる．図2の実験でも，プラスチックの球はレーザーの焦点に向かう引力を受けて焦点付近に固定されていた．高屈折の凸レンズで集光したときに，プラスチックの球が引力を受ける理由は，光が屈折するときに，運動量変化が変化し，その反作用として，物体が焦点に引き寄せられるからであると説明した．すなわち，光が光子，すなわち粒子として働くことを考えれば良かった．しかしながら，光の波長程度やそれ以下の大きさの小さな物質に対しての光の作用を考えるときには，光の波動性を考慮に入れなければならなくなる．ここでは，レーザー光が，光の波長よりも小さいものに対して，どのような作用を及ぼすのかといったことを考えてみよう．

　光はその進行方向に対して，直交する方向に振動する電場と磁場の成分をもつ電磁波である（図5(A)参照）．原子や分子など（以下，簡単のために分子と言うことにする）に光が照射されると，振動する電場が外からかけられたのと同様の効果が生じることになる．分子に電場がかけられると，分子に存在する電子が偏ることになる．これは，分子に電気双極子をつくり出すので，電磁波由来の電場と誘起された電気双極子は相互作用し，電場の強さ E と，誘起された電気双極子の大きさ μ との積に比例して，電気的にエネルギーが低下する（安定化する）．このときの比例定数を，誘電率 ϵ と呼ぶ．誘起電気双極子 $\vec{\mu}$ は，電場の強さに比例するので，結局，安定化エネルギーは，E の2乗に比例する．電場が振動しても，電子の分極はそれに追従して変化することができる．電磁波での振動する電場 E の二乗平均は，光の強度（光子の数）に比例するので，これから安定化エネルギーがわかる．引力は，安定化エネルギーの空間勾配に比例するとして，理論的に求めることができる．最終的には，光の空間上の強度分布が，レーザー光による引力場の形状を決めることになる．光の空間勾配は焦点で最も大きくなるので，結果として焦点に向かう引力場が形成される．分子の中ではより誘電率の大きなものがより大きな引力を受ける．

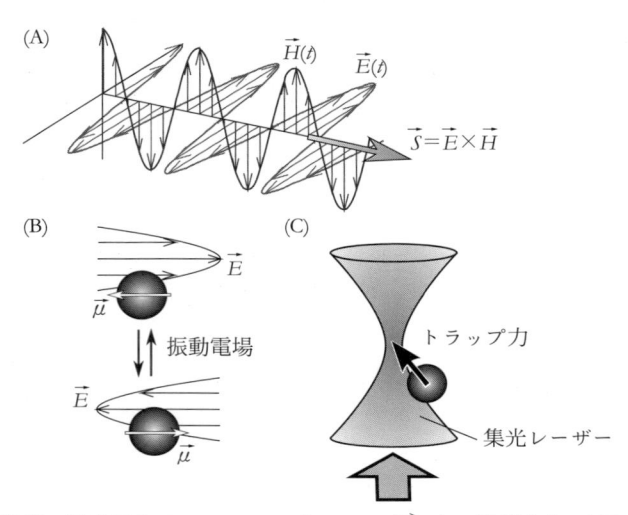

図5 (A) 電磁場の模式図とポインティングベクトル $\vec{S}$. 光は進行方向に対して垂直な方向に振動する電場を有する. (B) 分子に電場が印加されると, 電場の方向に誘起分極 $\vec{\mu} = -\alpha\vec{E}$ が生じる (α は分極率). 電場 $\vec{E}$ に置かれた電気分極 $\vec{\mu}$ は, $\vec{E}\cdot\vec{\mu}$ に比例する分極エネルギー(安定化)をもたらす. $\vec{E}\cdot\vec{\mu}$ は $\vec{E}^2$ に比例するので, 結果として光の強度に比例したエネルギーの安定化が起こる. (C) 集光レーザーの焦点に光トラップされる分子の模式図. 集光レーザーの焦点は電場密度が最も大きな領域である. そのため, 分子はレーザーの焦点方向に引力を感じる.

なお, 分子には永久電気双極子をもつものが多いが, この回転運動は遅いために, 光の振動には追従できない. このため, 永久電気双極子の成分は, レーザー光による引力には寄与することは出来ない(断熱効果).

5. 光が引き起こすミクロ相分離

以上のように, 光の強度分布に比例して, 分子は誘起分極に起因する引力(誘電力)を受けることがわかる. 通常の300K付近の温度では, レーザー光は, 熱エネルギーに抗して分子を安定に引き止めておくのに十分なほどの引力場を形成することは出来ない. 絶対零度近傍まで温度を下げると, 原子や分子を焦点付近に留めておくことが可能となる. しかしながら, 実験系を適当に選ぶと, 室温条

件下でも分子に力を及ぼすことは可能である．図6に示したような，2種類の分子からなる溶液にCWレーザー光（YAG；1064nm）を集光させたときの実験結果を紹介しよう．図6の実験では，集光したレーザーにより，2つの化学的成分が均質に混じった溶液から，より大きな誘電率ϵを示す分子を焦点に集め，相分離を起こしている．

図6(A)に実験のセッティングを示した．図にあるように，実験ではレーザーを照射する対象として油と水の混合溶液を用いる．室温で水と油を混ぜると，油が水に溶けた水相と，水が油に溶けた油相の2相に分離する．図6(B)において，曲線と温度一定の直線との交点がそれぞれの相の油の割合を示している．図6(C1)と(D1)は水相に，図6(C2)と(D2)は油相にレーザーを当てたときの顕微鏡像である．油が溶けた水相にレーザーを当てると，屈折率の大きな油滴がレーザーの焦点付近に集まってきて，相分離する様子が観察できる．通常，相分離が起こると，異なる相の間で界面が生じる．前節でも議論したように，界面エネルギーは常に正の値を示すので，ミクロな相分離現象は一般に不安定であり，時間の経過にともない，相分離の空間的なスケールが拡大するか，あるいは縮小して分離した相が消滅して均質な系に変化するかのどちらかの変化を示す．図6(C1)と(D1)のような，安定なミクロな相分離が生じたのは，レーザー光による引力場の空間スケールが数マイクロメートル程度であることによっている．

さらに興味深い現象が，集光したレーザーのもとで観察することができる．図6(C2)と(D2)を見てみよう．油相（油の方が水より濃度が高い相）の溶液にレーザーを集光する．すると，油の方が水よりも屈折率が大きいため，レーザーの焦点に油が集まってくる．それに対し，水は油よりも屈折率が小さいため，焦点に集まってくることはなく（トラップされることはなく），逆に集まってきた油に弾き飛ばされる．そして，ミクロな水滴が湧き出てきて，花火のように周りに飛び散り，周辺部では消失して，元の均質な溶液となっている．このように，レーザー場のもと，均質な溶液がミクロ相分離をおこし，それが辺縁部に移動し，もとの均質な溶液に戻るといった過程が連続して起こっている．

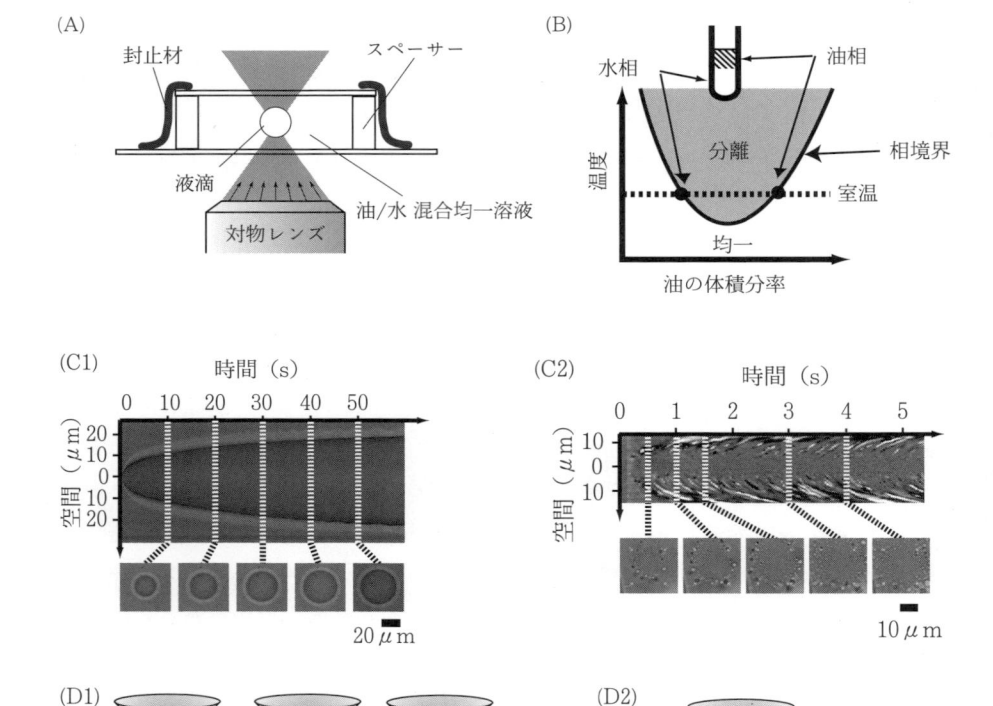

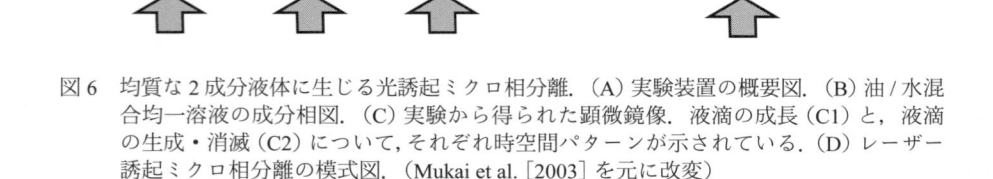

図6 均質な2成分液体に生じる光誘起ミクロ相分離．(A) 実験装置の概要図．(B) 油/水混合均一溶液の成分相図．(C) 実験から得られた顕微鏡像．液滴の成長 (C1) と，液滴の生成・消滅 (C2) について，それぞれ時空間パターンが示されている．(D) レーザー誘起ミクロ相分離の模式図．(Mukai et al. [2003] を元に改変)

6. 定常レーザー場でのリズム運動

　レーザーを集光させた焦点は，引力の場を作り出す．一方，光は運動量を運ぶ粒子でもある．レーザーの集光角度を小さくして，引力の場を弱くしてみよう．この場合，レーザーのビームは，より平行な光線の性格に近くなる．すると，光により物体を弾き飛ばす力（散乱力）が増大し，焦点にトラップされた物体は，レーザーの光圧に押されて，遠方に遠ざかろうとする．このときに，どのような現象が起こるのかを調べた実験が，図7である．

　マイナス荷電を帯びた，$0.1\mu m$程度の大きさの小さなプラスチックの球が分散している水溶液に，集光性が少し弱い定常レーザーを照射する．すると，図にあるように，先ずビーズが焦点付近に集まってトラップされる．このトラップされた粒子は，数を増やし，塊のサイズは時間とともに増大している．その後，瞬間的に微小なプラスチック球の塊が"爆発"し，焦点にトラップされていた微小球は光圧により弾き飛ばされて周りに飛散する．"爆発"に引き続き，再び焦点微小球が徐々に集まってくる．この微小球の塊は成長して，再び"爆発"する．

　このような，微小球の塊の"成長"と"爆発"の繰り返しは，光の定常的な照射のもとで起こっている．すなわち，光の流れで形成されている非平衡散逸系で，定常的なリズム現象が生じていることがわかる．

　非平衡散逸条件下でのリズム現象には，リミットサイクルと呼ばれる特質がある．すなわち，リズムに外部から摂動が加えられても，もとの周期，振幅，波形に自発的に戻るといった，自己修復の機能がある．生命の心臓や呼吸のリズムなども，このリミットサイクルとしての特質を示す．また，生物の体の形態形成にも，このようなリミットサイクル的な時間特性が関与していることが，明らかになってきている．

7. 21世紀の課題

　光は，エネルギーの粒子（光子）であるとともに，進行方向に対して直交する

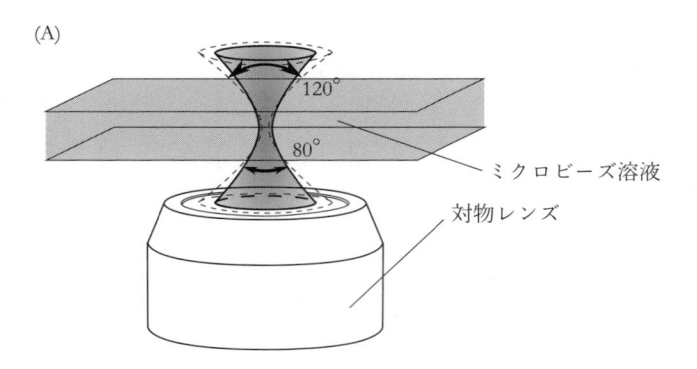

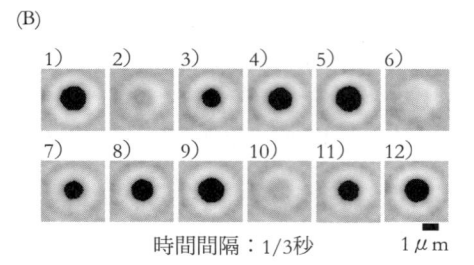

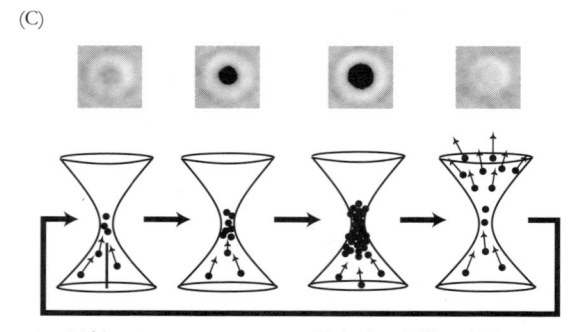

図7 定常レーザー照射によるプラスチック微小球の凝集と爆発のリズム．直径 0.1μm の負に帯電したプラスチックビーズを含む水溶液．(A) 実験装置の概要図．通常のレーザートラップ実験では 120°である集光角を，対物レンズに入射するレーザーの口径を細くすることで 80°に減じている．(B) ビーズの凝集と爆発の顕微鏡像．(C) ビーズの凝集・爆発過程の模式図．それぞれの状態に対応する顕微鏡像を下方に示した．(Magome et al. [2002] を元に改変)

方向に電場と磁場の成分をもつ波としての性質をあわせて持つ．一つの光子のエネルギーを E，その振動数を ν とすると，$E = h\nu$ の関係がある．ここで，h はプランク定数．一方，光子は光速 c で運動している粒子であり，その運動量 p はエネルギーに比例しており，$p = h\nu/c$ の関係がある．このことから，光は，物体に"衝突"すると運動量が変化し，その反作用として，物体を動かす力を発生させる．本稿で説明したように，集光することにより，引力的な場を局所的に作ることも可能である．

一方，光の運動は，エネルギーの流れでもある．レーザー光を用いると，このような光の作用により，回転運動，直線運動，あるいは，マイクロな動的相分離が引き起こされることを紹介した．レーザー光の集光のさせ方や波長を変えるとさらに新しい現象が見つかる可能性が高い．

光と物質の相互作用，これに関する研究はこれまでも数多く行われてきている．しかしながら，光の場を非平衡開放系とみなして，そこで生じる現象を調べる研究の歴史は，まだ始まったばかりである．

関連図書案内

蔵本由紀「新しい自然学―非線形科学の可能性」岩波書店，2003 年
北原和夫・吉川研一「非平衡系の科学 I」講談社，1994 年
蔵本由紀編「リズム現象の世界」東京大学出版会，2005 年

用語解説

アルフベン波

磁力線の振動として磁力線に沿って伝わる波．プラズマ中の磁力線がゴムひものような性質（張力）を持つために起こる．

宇宙天気予報

太陽面爆発（フレア）が起こると，そこから巨大プラズマの塊や放射線粒子（太陽宇宙線），強い電磁放射（X線，ガンマ線や紫外線）などが放たれ，太陽―地球間空間は大変な「嵐」（宇宙空間嵐）の状態になる．それにともなって地球磁気圏や大気上層部も「嵐」の状態になり（磁気嵐，電離層嵐），人工衛星の故障，通信障害，地上電力施設の故障など様々な被害が発生することがわかってきた．このような被害を最小限に食い止めるためには，これらの宇宙の「嵐」の予報が必要であり，そのような予報のことを，地上の天気予報になぞらえて，宇宙天気予報と呼んでいる．

エントロピー

物質または場からなる系の状態量の1つ．統計力学によって計算でき，巨視的な条件のもとに，取りえる可能な微視的状態の数 W との間に，$S = k \log W$ の関係がある．乱雑さの度合いを表す量であり，例えば容器中で壁に隔てられたA，B2種類の気体や液体は，壁を取り去ることで熱や仕事の出入りが無しに自発的に混ざり合うが，混合によるエントロピーの増大が起こる．

カイラル対称性

鏡での実像と虚像との関係に空間対称性のこと．右と左の手の形の関係．2次元空間では見られず，3次元空間で生じる対称性である．

干渉計

入力された光波を2つに分割し，異なる経路を通過させた後で再び合わせると，それぞれの経路の長さや，内部の屈折率の相対的な差によって，その出力の大きさが変化する．その現象を干渉，そのような装置を干渉計と呼ぶ．2つの経路が空間的に異なる場合を経路干渉計，2つの経路は実質的に同一であるが，互いに直交する偏光成分の間の干渉を見る場合を偏光干渉計とよぶ．干渉計は，空間や物性の微小な変化を光学的に捉える方法として，重力波干渉計や微分干渉顕微鏡，光ジャイロスコープなど様々な分野で利用されている．

蛍光輝線

元素に特有の一定以上のエネルギーを持つX線（光子）または荷電粒子を照射した際に，その物質が放射する輝線のこと．輝線のエネルギーは物質を構成する元素の種類で決まる．

ゲノム科学

ゲノムとは，細胞の中に存在する遺伝情報の総体を示す．そこには遺伝子と遺伝子の発現を制御する情報などが含まれている．ゲノム科学とは遺伝子の情報を解明して，生命現象の本質を探ると同時に，医学・薬学・工学・農学など様々な分野に応用しようとする科学全般を意味する．

格子定数

結晶格子の辺の長さをいう．立方格子の場合には3つの辺の長さが等しく1つの格子定数しか持たないが，さらに対称性の低い結晶形の場合は，3つの辺の長さがそれぞれ異なるため，格子定数も a, b, c と3つの格子定数がある．

剛性率

弾性定数の1つでずり弾性率ともいう．物質の一辺と，その辺に平行な別の一辺に，大きさが同じで向きが異なる力を加えたときに生じる歪と応力の間の比例係数．液体にはずり弾性率が存在しないが，固体は物質内に秩序をもつため，ずり歪に対する復元力が働いてずり弾性を示す．液晶相の場合は各々の液晶相が持つ秩序の性質に関係して，異方的なずり弾性率が存在する場合がある．

コッセル線

単結晶にX線をあてたときに生じる回折像．点状のX線源を結晶外に近接しておいて得られるものを擬似コッセル像といい，像はブラッグ条件を満たす明暗の2次曲線群として乾板上に写しだされる．

散逸系

非平衡状態は大きく分けて2つに分類することができる．1つは，緩和の過程であり，時間ともに平衡状態に落ち着く．他方，地球環境のような場合，太陽からエネルギーが供給され，温められた地球からは宇宙に向かって熱放射が起こる．これは，非平衡散逸系である．非平衡散逸系では，時間的，空間的な秩序が自発的に出現し，成長する．

磁気ループ

磁力線の作るループ（輪）状構造．

磁束管

磁力線のたば（束）が作るチューブ．磁力管ともいう．

自由エネルギー

温度一定の拘束条件では，系の安定性は，"内部エネルギー"と"状態数（あるいはエントロピー）"によって決定される．"内部エネルギー"はより小さいほうが，一方，"状態数"はより大きいほうが，系を安定化させる．この双方の寄与を取り入れた熱力学量が自由エネルギーである．例えば，数万度の温度では，分子や原子は，原子核と電子に分離したプラズマ状態となる．これは，原子核と電子との静電的な引力よりも，原子や電子がばらばらになって運動することによる"状態数の増加"（あるいは，エントロピーの増大）による効果のほうが大きいためである．室温では（300K 近傍），イオンが会合することによる状態数の減少よりも，正と負イオンの結合による安定化の効果が大きい．水溶液は誘電率が 80 程度と，静電引力を二桁程度小さくするので，300K の温度でも，"内部エネルギー"と"状態数"の効果が拮抗する．このため，強酸と強塩基の塩は，室温の条件であっても，水中で電離できるようになる．自由エネルギーは，各々の内部エネルギーの状態数を足し合わせて（積分して），その対数をとるといった手法により統計力学的に計算して求めることが可能である（分配関数）．以上の話は，等温等積条件で成り立つ（ヘルムホルツの自由エネルギー）が，等温等圧条件では，"内部エネルギー"を"エンタルピー"，すなわち，内部エネルギーと体積膨張による仕事の和に置き換えれば良い（ギブスの自由エネルギー）．

重力レンズ効果

アインシュタインは一般相対性理論によって，重力が空間の構造を変えることを示した．そのような空間を光が伝播すると，経路が曲げられることになる．強い重力源があれば，その周りで空間が凸レンズとして働き光を集光するのである．結果として，重力源の背後にある天体の像が明るくなり，また複数個になったり，ゆがんだりする．これが重力レンズ効果である．銀河団がつくる重力レンズ効果によって，銀河団にあるダークマターの量や分布を測定することが現在では可能になっている．

赤方偏移

宇宙膨張により遠方の天体からの光の波長は引き伸ばされて長くなる（赤くなる）．波長が引き伸ばされた割合が赤方偏移パラメター z で，$1+z=$（観測された波長）/（もとの波長）で定義される．

相

物質の状態を表し，明確な物理的な境界（界面）により区別される物質の均一な部分を相と呼ぶ．同一の組成や単一の成分からできていても，固体，液晶，液体，気体など状態が異なる場合は異なる相であり，これらは，固相，液晶相，液相，気相などと呼ばれる．異なる相の間の変化を"相転移"，2つの相が共存する状態を"相分離"と呼ぶ．

断熱効果

物質の異なる自由度の間での，エネルギー移動が抑止される現象．統計熱力学によると，熱平衡状態では，熱エネルギーはすべての自由度に等しく分配される（エネルギー等分配則）と述べられている．しかしながら，異なる自由度の間でエネルギーの大きさや，運動速度の差があまりにも大きいときには，エネルギーの移動が阻害される．例えば，赤外線により水の温度を上昇させることができるが，可視光線では水を加熱できない．可視光の光子のエネルギーが，分子を揺する（分子振動の励起）には大きすぎるためである．

超ひも理論

ひも理論とは，空間1次元に広がったひもにより素粒子が構成されるとする理論である．ひも理論に超対称性（ボソンとフェルミオンを入れ替える対称性）を取り入れた理論が超ひも理論である．重力（一般相対論）と量子力学を矛盾なく統一できる理論とされる．

超流動

原子が摩擦なく運動している状態．これまで液体ヘリウムでの現象が知られていた．また，2つの電子が対を作って超流動をおこしている状態が，よく知られている金属の超伝導状態に対応する．

ディラトン

重力を媒介するスカラー場．もともとの名前はスケール変換（dilatation）に由来する．一般相対論では重力はテンソル場（メトリック）によって媒介されるが，これに加えてスカラー場も重力を媒介する重力理論がディラトン重力理論である．ひも理論やブランス・ディッケ理論がこれに属する．

ナノテクノロジー・ナノスケール

ナノテクノロジーとは，物質をナノメートル（$1nm=10^{-9}m$）の領域において，自在に制御する技術のことである．ナノテクと略される．ナノテクノロジーの手法は大きく2つにわけることができる．1つは，物質を機械的に加工するなどして，微細にこれを再編成するトップダウン

方式である．もう1つは，原子や分子が持つ自らの力を利用し，これらを人工的に積み上げて新しい材料を作り上げる方法で，これをボトムアップ方式という．

南部・ゴールドストン粒子

物理系が本来持っている大域的な連続対象性（例えば回転対象性）が自発的に破れると，最低エネルギーに非常に近い（極限ではエネルギー差がゼロ）の励起状態が無数個出現する．これらの状態間の遷移を引き起こすのが質量ゼロの南部・ゴールドストン粒子である．

非平衡

熱平衡に無い状態．ブラウン運動は熱平衡条件での現象であり，その大きさは拡散係数で表される．一方，流体中で運動している物体は，その運動速度が減衰し，その大きさは粘性係数で表される．これは，非平衡の現象である．非平衡現象での粘性係数が，平衡系でのブラウン運動の拡散係数と比例関係にある．この理論はアインシュタインらの，ブラウン運動の理論として知られている．しかしながら，この比例関係は，非平衡の程度が大きくなると，一般に破綻する．比例関係の成り立つ，弱い非平衡のシステムを線形非平衡と呼ぶ．本稿で紹介したレーザーによって引き起こされる運動の実験は，いずれも，線形性が破れた，非線形の現象である．

フィラメント

太陽面を $H\alpha$ 単色光で見たときに見える暗い細長い筋状構造．ダークフィラメントともいう．プロミネンスを太陽円盤上で見た構造に対応する．その正体は磁力線に沿って存在する高密の低温ガス．

プラズマ状態

電離気体のこと．固体，液体，気体に続く，物質の第4の状態と呼ばれる．

ブラッグ反射

結晶中の規則的な格子面の間隔を d とすると，格子面に対して θ の角度をなして入射する電磁波（波長 λ）に対して，$2d\sin\theta = n\lambda$（n は整数）のブラッグ条件が成立するとき，各格子面からの反射波の位相が強めあうために強い回折が現れる．これをブラッグ反射と呼ぶ．液晶やその他の物質中でも，規則的な秩序構造の周期に依存して，波長数Åの X 線から数 1000Å の可視光線まで，様々な波長の電磁波でブラッグ反射が起こる．

プロミネンス

皆既日食の際，太陽から外側に突き出ている（あるいは浮かんでいる）ように見える赤い雲の

ような現象．日食以外でも Hα 線だけを通す特殊なフィルターを使うと見える．その正体は低温（数千度〜1万度）で高密のガス．磁場の力で浮かんでいる．太陽の円盤内では暗い線状の構造として見え，フィラメントと呼ばれる．

分岐現象

非線形の微分方程式で記述されるような系では，パラメータの変化により，不連続に状態が変化する．これを，分岐現象と呼ぶ．一見，相転移と似てはいるが，相転移は要素の数が極めて大きな統計的な系でおこる不連続現象であるが，分岐は1つの質点の運動でも起こる現象である．たとえば，振り子の振幅を大きくしていくと，180度以上に運動し始めたときには，回転運動に変化する．振り子の往復運動と，回転運動の間の変化は分岐現象である．（振り子でも，振動の周期が振幅に依存しないといったような線形の性質は，振幅が小さいときにのみ成り立つ．振幅が大きくなると非線形特性が顕在化することに注意しておこう）

並進（拡散）運動

有限温度では全ての分子は熱運動をしている．このような熱揺らぎのブラウン運動のうち，分子の重心が並進（拡散）運動するような運動をいう．これに対して回転（拡散）運動とは，分子重心の移動を伴わず分子が剛体回転するような運動である．

偏光顕微鏡

光学顕微鏡で物質を観察する場合，物質中の物理量の空間的な分布をコントラストに変換して像を得る．偏光顕微鏡とは，物質内部の屈折率の異方性をコントラストに変えて像を観察する顕微鏡である．結晶では結晶粒の方位などが観察できるが，液晶などでは分子の向きの情報を得ることができる．他に，物質中の濃度差などによる屈折率の空間分布をコントラストに変える位相差顕微鏡や，その他にも蛍光顕微鏡，微分干渉顕微鏡，暗視野顕微鏡といった様々な原理の光学顕微鏡がある．

ペンローズ模型

異なる2つの菱形を用いて2次元の面を隙間なく埋め尽くし，非周期的で新しい対称性を持つ模様が実現できることを示した模型をペンローズ模型と呼ぶ．その後，ペンローズ模型と同じ対称性を有する結晶構造（準結晶と呼ばれる）が実際に発見された．

ボース・アインシュタイン凝縮

理想ボース粒子系は，位相空間上での密度が 2.61 を超えたときに，量子相転移を起こし，基底状態に巨視的な数の粒子が落ち込む．これがボース・アインシュタイン凝縮である．この状態では，個々の原子の「波」の大きさが，原子間の距離と同じくらいにまで広がって，「波」同

士が重なり，全ての原子が一つの巨大な「波」で表されるようになっている．

モジュライ

高次元空間をわれわれの住む3次元空間にするには余分な次元の方向を小さくして観測にかからないようにする必要がある．これをコンパクト化と呼ぶが，その際に小さくたたみこまれた空間の体積（大きさ）は3次元空間から見てスカラー場として振舞う．このスカラー場をモジュライという．名前は modulus（膨張率）に由来する．

有効面積

物理的な面積に，望遠鏡の反射率や検出器の感度を含めた実効的な面積のこと．例えば，X線検出器の物理的な面積が $10cm^2$ であっても，検出効率が 50% であれば，有効面積は $10cm^2 \times 50\% = 5cm^2$ となる．

ラウエ斑点

単結晶に細い平行な X 線ビームをあて，結晶の後方にビームに垂直に置かれた乾板に回折像を記録すると，ブラッグ条件を満たす逆格子空間上の点で強い反射が得られ，結晶の対称性，方位などを調べることができる．

リミットサイクル

振幅，振動数，波形が一定の状態で保たれるリズムで，外から撹乱（摂動）があっても，もとのリズムに自発的に戻る性質のある振動．摩擦のない振り子やバネの振動では，撹乱があると，振幅が変化してしまう．また，摩擦があると，振幅が時間と共に減衰して，リズムが停止する．これらは，線形のリズム現象の特徴である．これに対して，非平衡散逸系で生じる非線形のリズムは，安定なリズムの状態，すなわちリミットサイクル振動が存在できる．

レーザー冷却

原子の高速な熱運動をレーザー光を用いて冷却する技術である．原子がレーザー光を吸収するときに，運動量も同時に原子に移る．これを繰り返すことにより，原子はレーザー光から大きな力を受ける．この放射圧により原子は減速される．特に，ドップラー効果によるレーザー光の周波数シフトを巧みに利用したものが，ドップラー冷却として知られ，大変有効である．このほかにも，シシュフォス冷却法など，さまざまな冷却法が開発されている．

CW レーザー

Continuous Laser のこと．レーザーは，非平衡散逸条件で生じる現象であるので，光の放射に

リズムが生じやすい（レーザー発振）．リズムや時間的なゆらぎを無くしたものを，CW レーザーと呼ぶ．

YAG レーザー

YAG とは，イットリウム・アルミニウム・ガーネットからなる複合酸化物．波長 1064nm の安定なレーザーを発生させることができる．

索　引

[0-, A-Z]

11 年周期　121-122, 124 →黒点周期
COBE　12, 22, 24, 73-74
CW レーザー　176, 179, 187, 199-200
Hα　120, 127-130, 197-198
LEPS　167, 169, 171-174
M82 銀河　99-100
Q 値　154, 158-159
SI 系　68, 75
SPring-8　167-168, 174
WMAP　14, 24, 26, 74, 77
X 線 CCD　89-94, 97
X 線マイクロカロリメーター　90-94, 96
X 線回折法　106, 111
X 線天文学　82, 85-86, 89, 96
X 線反射星雲　98
X 線望遠鏡　82, 90-91, 94, 136
XMM ニュートン衛星　86, 93
YAG レーザー　176, 200

[あ行]

「あすか」衛星　86, 89-90, 92, 97
天の川銀河　5, 97-98, 100
　── の中心領域　97
アルフベン波　135, 193
　── 説　134-136
射手座 A*　98
射手座 A East　97
宇宙線　7, 125-127, 132, 193
宇宙天気予報　131, 193
宇宙マイクロ波背景放射（宇宙背景副射）　6, 11-13, 22, 25-26, 74, 77-78
液晶　82-83, 103-105, 107-114, 116-117, 194, 196-198
エキゾティック粒子　162, 165
エントロピー　104, 184, 193, 195
オクロ現象　68-69
オーロラ　125, 131
音波衝撃波説　133-134

[か行]

界面エネルギー　181, 183-184, 187
界面張力　181, 183-184
カイラル対称性　165, 179, 193
カスプ　129
干渉計　30, 49-51, 53, 58, 193
カントール集合　156, 158-159
ガンマ線バースト　137
銀河系　5, 10, 16, 20, 22, 25, 97
軌道角運動量　28, 89-90
逆泳動　184
逆コンプトン散乱　167-169
吸収　2, 8-9, 27-28, 30-31, 34-37, 82, 85, 92, 105, 144, 151-152, 175-176, 181, 199
局在電磁モード　148-149, 160
「ぎんが」衛星　86, 94
銀河風　100
クォーク　161-162, 164-167, 173-174
　── 核分光装置　168-170
蛍光輝線　97, 194
形態形成　189
ゲージ粒子　164
ゲノム科学　104, 194
原子時計　3, 29-30, 39, 43, 74-76, 140
硬 X 線検出器　90-91, 94-95, 97
光球　120, 127-128, 133, 135-136
格子定数　107, 110-111, 113, 144-147, 150, 194
格子点　34, 106, 108
光子のスイッチ　46
光子偏光スイッチ　56-59, 61
剛性率　111, 194
構造色　103, 105-107, 109-110, 112-114, 117
黒点　120-125, 127-128, 134
　── 周期　120-123 → 11 年周期
コッセル線　111, 194
コレステリック相　108-111, 113
コロナ　124, 129, 131-137
　── 質量放出（CME）　131-132

[さ行]

差動回転　123-124

201

散乱　2, 31, 37, 74, 106-107, 113-114, 151, 160
散乱力　177-178, 189
ジェット　137
磁気嵐　131, 193
磁気光学トラップ　30-31, 34, 36-37, 39, 41
磁気的加熱説　134
磁気トラップ　31, 33-37, 39
磁気リコネクション　129-131, 135
磁気ループ　129, 135, 195
自己修復　189
脂質膜　103
磁束管　123, 134, 195
重力定数　63-64, 66-68, 76-79
主量子数　89-90
順泳動　184
状態密度　146-147, 154
蒸発冷却　36-38, 40-41
磁力線　120, 123-124, 129-131, 134-136, 193, 195, 197
信号光子　53-57, 59-61
「すざく」衛星　82, 85-87, 90-100
スターバースト銀河　99-100
スピン角運動量　89-90
スメクティック相　109-111, 113-114
制御光子　53-57, 59-61
相　108, 112, 187, 196
ソフトマター　103-105, 107-108, 111, 116-117

[た行]

大数仮説　64, 80
ダイナモ理論　124
太陽コロナ加熱問題　119
太陽風　124
太陽フレア　127-128, 130, 137
対流層　122-123
ダークエネルギー　6, 16, 19-21, 24-26, 82
ダークマター　6, 16, 20-26, 82, 195
チャンドラ衛星　86, 93, 97
ツーリボンフレア　128
導波路　140, 150-151, 160
等方秩序　113, 117

[な行]

ナノスケール　104, 196
ナノテクノロジー　45, 104-105, 107, 140, 196
ナノフレア　135

――説　134-136
南部・ゴールドストン粒子　165, 197
ヌル・テスト　64, 67, 80
捩れ秤　79
ネマティック相　104, 108-110, 113

[は行]

配向秩序　104, 108-110
バックグラウンド　86, 92
ハドロン　161, 164-166, 171, 174
バリオン　74, 77, 164-166, 173-174
バルマー線　127
非活性モード　150
光トラップ　31, 34, 36-41, 177-179, 186
非結合モード　150
微細構造定数　63-64, 66, 68, 70-71, 73, 75, 79
ビッグバン　6, 11, 13, 22, 26, 72-73, 77, 137, 161
ピッチ　108-109, 112
「ひので」衛星　135-136
フィラメント　16, 128, 130-131, 197-198
フェルミ縮退　31, 35-36, 42-43
フォトニック結晶　107, 140, 143-152, 154-155, 158, 160
――スラブ　150-151, 154-155
フォトニックバンドギャップ　145-148, 150-154
部分偏光ビームスプリッタ　58, 61
フラクタル　144, 156, 158-160
――次元　156, 158
プラズマ状態　23, 88, 120, 195, 197
ブラッグ散乱　106-107
ブラッグ反射　107, 110-113, 197
ブラックホール　25, 82, 86, 97-98, 101, 137
プランク分布　7-8, 11-12
フレア　83, 119, 127-128, 130-132, 135-137, 193
プロミネンス　130, 197
プロミネンス噴出　128-129
分岐現象　175, 198
分光能力　86-89, 92
並進運動　104, 113
偏光顕微鏡　111-113, 198
ペンタクォーク　162, 166, 174
ペンローズ模型　110, 198
ボース・アインシュタイン凝縮　2, 28-36, 38-43, 198

[ま行]

マウンダーミニマム　124-126
マッハの原理　66
ミクロ相分離　116, 186-188
ミー散乱　106
メンジャースポンジ　158-160

[や行]

有効面積　86, 92, 199
「ようこう」衛星　83, 128-130, 134-135

[ら行]

ラウエ斑点　111, 199

ラビ分裂　153-156, 160
ラメラ相　107-108, 110
リズム運動　189
リミットサイクル　189, 199
　　── 振動　175, 199
量子局在　153-154
量子ゲート　60
量子コンピュータ　43, 62
量子ドット　155-156
レイリー散乱　106
レーザー駆動回転モーター　178
レーザー駆動リニアモーター　181
レーザー電子光　161, 167-169
レーザーピンセット　141, 185
レーザー冷却　2, 27, 29-30, 32, 35-36, 38-39, 199
レプトン　164

著者紹介（＊は編者）

＊**高橋義朗**（たかはし よしろう） 第Ⅰ部イントロダクション，第2章
京都大学大学院理学研究科・物理学宇宙物理学専攻・物理学第一分野・教授
京都大学博士（理学）
著書：「量子情報通信」（第5部第2章，共著）（オプトロニクス社，2006年）

杉山 直（すぎやま なおし） 第1章
名古屋大学大学院理学研究科・素粒子宇宙物理学専攻・教授
理学博士（広島大学）
著書：「宇宙 —— その始まりから終わりへ」（朝日新聞社，2003年）

竹内繁樹（たけうち しげき） 第3章
北海道大学電子科学研究所・教授
京都大学博士（理学）
著書：「量子コンピュータ」（講談社ブルーバックス，2005年）

千葉 剛（ちば たけし） 第4章
日本大学文理学部・物理学科・准教授
京都大学博士（理学）
著書：「宇宙を支配する暗黒のエネルギー」（岩波書店，2003年）

＊**嶺重 慎**（みねしげ しん） 第Ⅱ部イントロダクション
京都大学基礎物理学研究所・教授
理学博士（東京大学）
著書：「宇宙と生命の起源 —— ビッグバンから人類誕生まで」（共編著）（岩波ジュニア新書，2004年），ほか

鶴 剛（つる たけし） 第5章
京都大学大学院理学研究科・物理学宇宙物理学専攻・物理学第二分野・准教授
東京大学博士（理学）

山本 潤（やまもと じゅん） 第6章
京都大学大学院理学研究科・物理学宇宙物理学専攻・物理学第一分野・教授
工学博士（東京大学）
著書：液晶便覧編集委員会編『液晶便覧』（常任編集委員として編集・執筆）（丸善，2000年）

柴田一成（しばた　かずなり）　**第 7 章**
京都大学大学院理学研究科・附属天文台・台長・教授
理学博士（京都大学）
著書：「写真集　太陽」（共著）（裳華房，2004 年）ほか．

＊**田中耕一郎**（たなか　こういちろう）　**第 III 部イントロダクション**
京都大学大学院理学研究科・物理学宇宙物理学専攻・物理学第一分野・教授
理学博士（京都大学）
著書：『光物性の基礎と応用』（第 7 章「光誘起相転移」）（オプトロニクス社，2006 年）

迫田和彰（さこだ　かずあき）　**第 8 章**
物質・材料研究機構　量子ドットセンター長
工学博士（東京大学）
著書：「フォトニック結晶入門」（森北出版，2004 年）

中野貴志（なかの　たかし）　**第 9 章**
大阪大学核物理センター・教授
理学博士（京都大学）

吉川研一（よしかわ　けんいち）　**第 10 章**
京都大学大学院理学研究科・物理学宇宙物理学専攻・物理学第一分野・教授
工学博士（京都大学）
著書：「非線形科学」（学会出版センター，1992 年）

光と物理学

2007年10月10日　初版第一刷発行

編者　嶺重　慎
　　　高橋　義朗
　　　田中　耕一郎

発行者　加藤　重樹

発行所　京都大学学術出版会
　　　　京都市左京区吉田河原町15-9
　　　　京大会館内（606-8305）
　　　　電　話　075-761-6182
　　　　ＦＡＸ　075-761-6190
　　　　振　替　01000-8-64677
　　　　http://www.kyoto-up.or.jp/

ISBN978-4-87698-717-7　　Ⓒ S. Mineshige, Y. Takahashi, K. Tanaka 2007
Printed in Japan　　　　　　定価はカバーに表示してあります